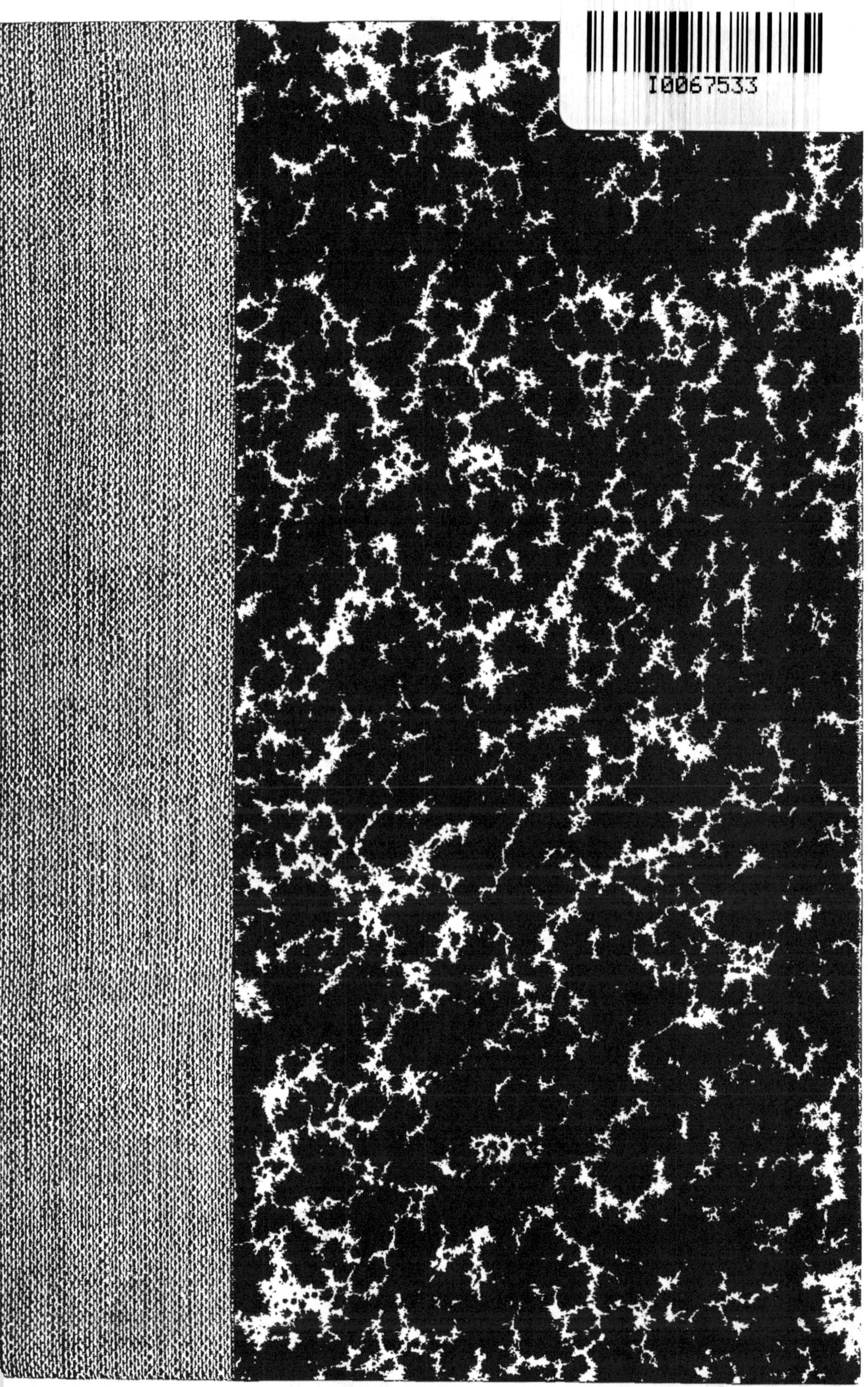
I0067533

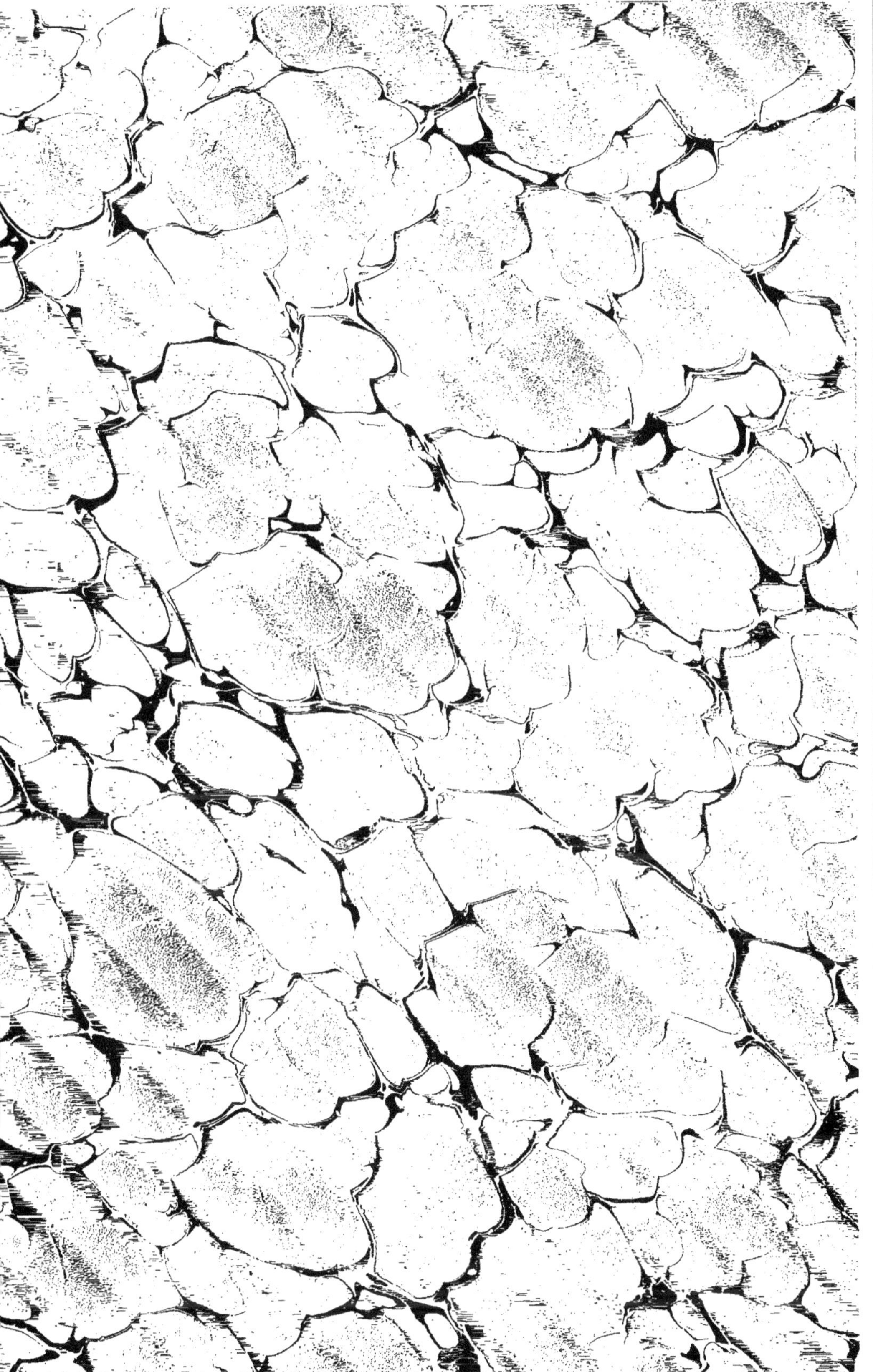

EXPOSITION
FRANCO-BRITANNIQUE
DE LONDRES 1908

SECTION FRANÇAISE

CLASSE 60

RAPPORT

PAR

C. CHARTON
PRÉSIDENT DU SYNDICAT DU COMMERCE
EN GROS DES VINS ET SPIRITUEUX
DE L'ARRONDISSEMENT DE BEAUNE (CÔTE-D'OR)
CONSEILLER GÉNÉRAL DE LA CÔTE-D'OR

A.-M. DESMOULINS
VICE-PRÉSIDENT DU COMITÉ DE LA CLASSE 60
RÉDACTEUR EN CHEF DU *Moniteur Vinicole*

PARIS
COMITÉ FRANÇAIS DES EXPOSITIONS A L'ÉTRANGER
Bourse de Commerce, rue du Louvre, [illegible]
1910

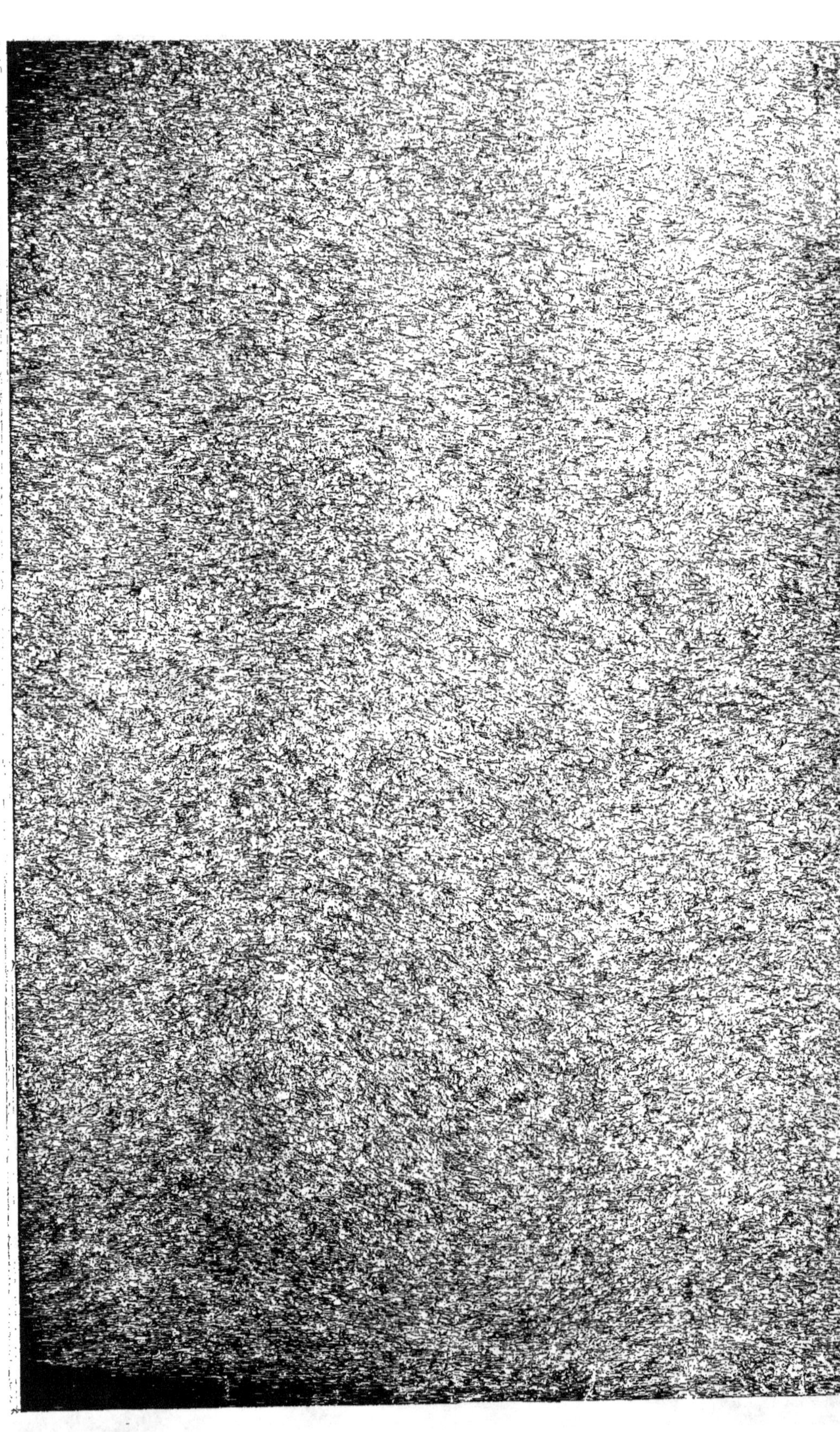

Exposition Franco-Britannique. — La Cité Blanche (Effet de soleil).

EXPOSITION
FRANCO-BRITANNIQUE
DE LONDRES 1908

SECTION FRANÇAISE

CLASSE 60

RAPPORT

PAR

C. CHARTON
PRÉSIDENT DU SYNDICAT DU COMMERCE
EN GROS DES VINS ET SPIRITUEUX
DE L'ARRONDISSEMENT DE BEAUNE (Côte d'Or)
CONSEILLER GÉNÉRAL DE LA CÔTE D'OR.

A.-M. DESMOULINS
VICE-PRÉSIDENT DU COMITÉ DE LA CLASSE 60
RÉDACTEUR EN CHEF DU Moniteur Vinicole

PARIS
COMITÉ FRANÇAIS DES EXPOSITIONS A L'ÉTRANGER
Bourse de Commerce, rue du Louvre, 42
1910

Exposition Franco-Britannique (Effet de nuit).

EXPOSITION FRANCO-BRITANNIQUE

DE

LONDRES 1908

CLASSE 60

VINS ET EAUX-DE-VIE DE VIN

Participation de la France vinicole à l'Exposition Franco-Britannique

L'importance de nos transactions commerciales avec la Grande-Bretagne, séparée de la France par un simple bras de mer, aujourd'hui franchissable en une heure à peine, devait permettre à une Exposition Franco-Britannique, surtout après l' « Entente cordiale », de compter sur une réussite complète à tous les points de vue.

La réunion des produits présentés exclusivement par les deux pays, si proches voisins et si bien faits pour se comprendre et se compléter l'un l'autre, ne pouvait manquer d'offrir aux regards des visiteurs de toutes classes et de toutes conditions un intérêt puissant et on peut affirmer qu'il n'a fait défaut dans aucune branche de l'activité artistique, industrielle et commerciale des deux nations.

Le Royaume-Uni ne cultive pas la vigne; seules, quelques-unes des colonies de l'Empire, comme l'Australie, la Nouvelle-Zélande, et maintenant le Canada, récoltent quelque milliers d'hectolitres de vin. C'est dire que la Classe 60 de la Section française, celle où se trouvaient les échantillons des vins et des eaux-de-vie de vin et de marc fournis par nos magnifiques vignobles, devait attirer tous les regards et, par la suite, contribuer à accroître encore, si possible, nos relations commerciales.

C'est ce qu'ont bien compris le Comité de la Classe 60 et son distingué président, M. A. Mandeix, qui, dès le principe, ont mis tout en œuvre pour que cette partie de l'Exposition prît le développement nécessaire. Ils se souvenaient, en effet, que le commerce des vins français dans la Grande-Bretagne et ses colonies représente, pour notre exportation vinicole, des sommes considérables et ils ont voulu montrer que ce commerce peut prendre aisément, aujourd'hui que le vignoble français est reconstitué et produit d'excellents vins et de fines eaux-de-vie, un nouvel essor.

Organisation et Fonctionnement du Comité de la Classe 60

Le Comité d'admission et d'installation de la Classe 60 (*Vins et Eaux-de-vie de vin*), fut ainsi constitué :

BUREAU DU GROUPE X-B (Classe 60)

Président d'honneur :

KESTER (Gustave).

Président :

MANDEIX (André).

Vice-Présidents :

ARTAUD (Adrien). — CHANUT (Edouard). — CUVILLIER (Albert). — DELCOUS (L.). — DESMOULINS (A.-M.). — FABRE (G.). — GIRARD-AMIOT (A.). — GRAND-CLÉMENT. — GUESTIER (D.). — HAVY (Alfred). — JANNEAU (Pierre-Louis). — KARRER (Emile). — KRUG. — LAGARDE (Georges). — LEENHARDT-POMIER. — LIGNON (Achille). — LULING (Albert). — MALAQUIN (Eugène). — MAXWELL (James). — MESTREZAT. — MORINERIE (Raymond de la). — OUSTRIC (L.-A.). — PROUST (Georges). — ROBIN (Armand). — SABOT (Albert). — SAVIGNON (Henri). — STERNE (Gustave). — TRICOCHE. — VERNEUIL.

Secrétaire général :

CHARTON (Claude).

Secrétaires :

BELLEAU (Désiré). — BUHAN (Paul). — CARBONEL. — CHAPUIS (P.-H.-S.). — CHONION (Claude). — DUMAS (Francisque). — FOUCAULD (Marc). — HANIER (Charles). — HEIDSIECK (Charles). — JOUÉ (Augustin). — LARRONDE (Maurice). — LARUE (Auguste).

— Lemétais (Ernest). — Lopès-Dias (J.). — Meyer (Albert). — Mommessin (Jean). — Monnet (J.-C.). — Mun (Bertrand de). — Perrier (Gabriel). — Picq (H.-B.). — Robillard. — Rogée-Fromy (Eugène). — Saillard (Paul). — Solères (J.-B.). — Sourbets (Georges). — Taberne (F.). — Tournier.

Trésorier :

Goulet (Emile).

Membres :

Blonde (Jules). — Calvet (Jean). — Camus (Gaston). — Coulon (A.). — Dumoulin (Paul). — Duquesnay (Albert). — Escande (Th.). — Forsans (Paul). — Fougerat (Jean). — Gaden (Charles). — Gès (Emmanuel). — Guichard (A.). — Huet (Stanislas). — Jacoulot (Vincent). — Joninon (Léon). — Kester (Lucien). — Lacouture. — Laporte-Bisquit. — Lequeux (Alfred). — Lhote (Symphorien). — Maldant (Louis). — Massol (Clément). — Maurin (Edmond-Joseph). — Mauvigney (Jérôme). — Mégret (Alexandre). — Moreau (Georges). — Pouilloux (René). — Rouquette (Emile). — Soualle (Louis). — Turpin (Henry). — Vert (B.). — Vitou (Henri-Clovis).

Aussitôt, ce Comité se réunit et s'empressa d'adresser la circulaire suivante à tous les producteurs et à tous les commerçants en vins et eaux-de-vie de France.

Paris, le 12 Août 1907.

Monsieur et cher Collègue,

Le « Comité français des Expositions à l'Etranger » ayant accepté la mission d'organiser la Section Française de l'Exposition franco-britannique qui doit se tenir à Londres en 1908, nous a confié le soin d'installer la Section B du Groupe X, correspondant à la Classe 60 de l'Exposition de 1900 (vins et eaux-de-vie de vin). C'est sous son haut patronage que nous venons solliciter votre concours à cette œuvre d'intérêt national.

L'Angleterre n'a pas autorisé de grande exposition chez elle depuis 1862. Il a fallu, pour qu'elle sorte de sa réserve, les manifestations réitérées de sympathie qui ont amené l'entente cordiale entre nos deux pays. Cette entente se traduit déjà par une recrudescence de transactions. Notre grand commerce de vins et eaux-de-vie nous paraît plus particulièrement appelé à profiter de ce mouvement.

En effet, l'Angleterre est notre plus importante cliente. — En 1905, elle nous a acheté 41 millions de francs de vin sur 248 millions exportés, soit 17 % et 24 millions d'eaux-de-vie, sur 46 millions sortis, soit 52 %. — Cet ensemble de 65 millions d'achats sur 294 millions d'exportations place le Royaume-Uni loin en tête de nos autres acheteurs dont le meilleur, ensuite, n'importe que 43 millions de produits provenant de nos vignes.

Or, ce chiffre de 65 millions, il nous est possible de l'augmenter encore. — Les Anglais, comme nous-mêmes, commencent à prendre méfiance de l'exagération de la campagne abstinente et nombre de leurs revues médicales se décident enfin à préconiser comme toniques nos bons vins et nos bonnes eaux-de-vie. — De plus, le nombre de nos visiteurs d'outre-Manche s'accroît chaque année et chacun de ces visiteurs devient à son retour le propagateur de nos produits, *aussi bien de consommation courante que de luxe*. Il faut seconder ces tendances favorables et encourager nos amis à développer leurs transactions avec nous en complétant leur éducation sur la variété de nos types et la prééminence de nos marques.

Pour cela il est indispensable que notre contribution spéciale à l'Exposition de 1908 soit en rapport avec l'importance de notre production viticole.

Tenue dans la plus grande capitale de l'Europe, au sein du pays le plus riche du monde, cette Exposition aura un succès retentissant et donnera des résultats pratiques. Il faut que dans ce succès et dans ces résultats nous entrions pour une large part.

Aussi est-ce confiants dans votre adhésion que nous vous adressons inclus une demande d'admission et son duplicata réunis sur une même feuille. Vous voudrez bien retourner cette feuille, revêtue d'une double signature et *affranchie*, à M. le Président de la Section Française de l'Exposition de Londres, 42, rue du Louvre, Paris. Vous voudrez bien également indiquer le nombre de bouteilles que vous désirez exposer. Les expositions collectives permettant de grouper les participations les plus réduites, le Comité a décidé que les *Expositions individuelles* ne pourraient être moindres de *6 bouteilles*.

Les adhésions que nous demandons actuellement n'ont qu'un caractère *provisoire*. Elles ont pour objet de nous permettre d'arrêter l'emplacement nécessaire et d'établir les conditions générales d'installation. Ce n'est que lorsque vous aurez été saisi de ces conditions, et si *vous les acceptez*, que votre adhésion de principe deviendra définitive.

Attendant votre réponse favorable, nous vous prions d'agréer, Monsieur et cher Collègue, l'expression de nos sentiments bien cordiaux.

Le Président d'honneur :

KESTER (Gustave), O. ✻, ✿, ✠, de Paris,

Trésorier du Comité Français des Expositions à l'Etranger ; Membre-Secrétaire de la Chambre de commerce de Paris ; Président honoraire de la Chambre syndicale des vins et spiritueux en gros de Paris et du département de la Seine.

Le Président du Groupe X de l'Alimentation :

TURPIN (Henry), O. ✻, C. ✠, ✠, O. ✠, de Rouen,

Président honoraire du Syndicat National du commerce en gros des vins, cidres, spiritueux et liqueurs de France ; Membre du Conseil de Direction du Comité Français des Expositions à l'Etranger.

Le Président :

Mandeix (André), ✵, ✪, du Havre,

Président honoraire du Syndicat National du commerce en gros des vins, cidres, spiritueux et liqueurs de France ; Membre de la Chambre de commerce du Havre.

Les Vice-Présidents :

Savignon, ✵, O. ✪, G. O. ✠, d'Alger,

Président du Syndicat des vins en gros d'Alger ; Membre de la Chambre de commerce d'Alger.

Artaud (A.), de Marseille,

Président du Syndicat des exportateurs ; Vice-Président du Syndicat National du commerce en gros des vins, cidres, spiritueux et liqueurs de France ; Membre de la Chambre de commerce de Marseille.

Fabre (G.), ✪, de Nîmes,

Président du Syndicat du commerce en gros des vins et spiritueux du Gard ; Membre de la Chambre de commerce de Nîmes.

Lignon (A.), de Lyon,

Vice-Président du Syndicat National du commerce en gros des vins, cidres, spiritueux et liqueurs de France ; Membre de la Chambre de Commerce ; ancien Président du Tribunal de commerce de Lyon.

Guestier (D.), de Bordeaux,

Membre-Trésorier de la Chambre de Commerce de Bordeaux ; Vice-Président de l'Union Syndicale des négociants en vins ; Vice-Président de l'Institut Colonial.

Lagarde (G.), de Bordeaux,

Membre de la Chambre de commerce.

Luling (Dr A.), ✪, ✪, de Reims,

Président de la Fédération du commerce d'exportation des vins, cidres, spiritueux et liqueurs de France.

Proust (G.), ✵, ✪, de Paris,

Président de la Chambre Syndicale du Commerce en gros des vins et spiritueux de Paris et du département de la Seine.

Sabot (A.), ✵, ✪, ✪, de Paris,

Maire du XIIe Arrondissement de Paris ; Président honoraire de la Chambre Syndicale du Commerce en gros des vins et spiritueux de Paris et du département de la Seine ; Trésorier honoraire du Syndicat National du commerce en gros des vins, cidres, spiritueux et liqueurs de France.

KARRER (Emile), ✿, O. ⚘, de Saint-Denis,

Ancien Vice-Président de la Chambre Syndicale du commerce en gros des vins et spiritueux de Paris et du département de la Seine.

MALAQUIN (E.), ✻, de Paris,

Président de la Chambre Syndicale des Courtiers-gourmets de Paris.

STERNE (G.), ✻, de Nancy,

Président honoraire du Syndicat national du commerce en gros des vins, cidres, spiritueux et liqueurs de France ; Président honoraire du Syndicat du commerce en gros des vins, liqueurs et spiritueux du département de Meurthe-et-Moselle ; ancien Juge au Tribunal de commerce de Nancy.

ROBIN (Armand), ✻, de Cognac,

Vice-Président du Syndicat National du commerce en gros des vins, cidres, spiritueux et liqueurs de France ; Président du Syndicat des négociants du rayon de Cognac ; Membre de la Chambre de commerce.

VERNEUIL (A.), de Cozes,

Président du Comice agricole de Saintes.

LEENHARDT-POMIER (J.), ✻, de Montpellier,

Président du Conseil d'administration du Syndicat agricole de Montpellier ; ancien Président de la Société centrale d'agriculture de l'Hérault.

OUSTRIC (L. A.), ✿, ⚘, de Béziers,

Président du Syndicat des bouilleurs-distillateurs et liquoristes de Béziers.

CHANUT (Dr E.), O. ⚘, de Vosne-Romanée,

Président du Comice agricole et viticole du canton de Nuits-Saint-Georges (Côte-d'Or).

GRAND-CLÉMENT (Dr S. E.),

Président de la Société régionale de viticulture du Rhône.

MESTREZAT (D. G.), ✿, de Bordeaux,

Président du Syndicat du commerce en gros des vins et spiritueux de la Gironde.

MAXWELL (James), O. ⚘, de Bordeaux,

Président de la Société d'agriculture de la Gironde.

MORINERIE (DE LA) ✠, de Reims,

Secrétaire Général du Comité International du commerce des vins, cidres, spiritueux et liqueurs de France.

CUVILLIER (A.), ✻, ✿, ⚘. de Paris,

Trésorier du Syndicat National du commerce en gros des vins, cidres, spiritueux et liqueurs de France ; ancien Président de la Chambre Syndicale du commerce en gros des vins et spiritueux de Paris et du département de la Seine.

HAVY (A.), ✻, ✪, ✪, ✠, ✠, de Paris,

Vice-Président du Comité International du commerce des vins, cidres, spiritueux et liqueurs ; Secrétaire de la Société d'économie industrielle et commerciale ; Conseiller du commerce extérieur.

DELCOUS (L.), ✻, ✪, ✪, ✠, de Paris,

Secrétaire Général honoraire de l'Union du commerce en gros des vins et spiritueux du département de la Seine.

DESMOULINS (A. M.), O. ✪. de Paris,

Rédacteur en chef du *Moniteur vinicole.*

JANNEAU (P.), ✪, ✪, de Condom,

Vice-Président honoraire du Syndicat National ; Vice-Président de la Chambre Syndicale des négociants en vins et eaux-de-vie de l'Armagnac ; Vice-Président de la Chambre de commerce du Gers.

TRICOCHE (Ernest), ✻, ✪, C. ✠, de Jarnac,

Secrétaire des Comités d'admission et d'installation des Expositions de Saint-Louis et de Liège ; Secrétaire Général de l'Exposition internationale de Bordeaux.

GIRARD-AMIOT (A.), de Saumur,

Président du Syndicat des vins mousseux de Saumur ; Vice-Président de la Fédération du commerce d'exportation des vins, cidres, spiritueux et liqueurs de France.

Le Vice-Président, Rapporteur Général :

CHARTON (Cl.), ✻, ✪, ✪, de Beaune,

Vice-Président honoraire du Syndicat National du commerce en gros des vins, cidres, spiritueux et liqueurs de France ; Président du Syndicat du commerce en gros des vins et spiritueux de l'arrondissement de Beaune.

Le Trésorier :

GOULET (Emile), O. ✪,

Secrétaire Général du Syndicat National du commerce en gros des vins, cidres, spiritueux et liqueurs de France ; Vice-Président de la Chambre Syndicale du commerce en gros des vins et spiritueux de Paris et du département de la Seine.

Les Secrétaires :

DUMAS (F.), ✻, de Villefranche,

Membre de la Chambre de Commerce de Villefranche-sur-Saône ; Vice-Président de la Chambre Syndicale du commerce en gros des vins et spiritueux des arrondissements de Villefranche et Mâcon.

MOMMESSIN (J.), de Charnay-les-Mâcon,
Vice-Président du Comité International du commerce des vins, cidres, spiritueux et liqueurs ; Membre du Tribunal de commerce de Mâcon.

CHONION (Cl.), O. ✠, de Meursault (Côte-d'Or),

PERRIER (G.), de Châlons-sur-Marne,
Membre du Jury aux Expositions de Saint-Louis 1904, Liège 1905 et Bordeaux 1907.

MUN (B. DE), de Reims.
Secrétaire Général du Syndicat du Commerce des vins de Champagne.

LOPÈS-DIAS (J.), I. ✪, de Bordeaux,
Président de la Section Girondine du Comité du commerce, de l'industrie et de l'agriculture ; Secrétaire de la Fédération du commerce d'exportation des vins, cidres, spiritueux et liqueurs de France : Secrétaire Général du Syndicat du commerce en gros des vins et spiritueux de la Gironde.

BUHAN (Paul), de Bordeaux,
Secrétaire-Général adjoint du Comité International du commerce des vins, cidres, spiritueux et liqueurs.

MEYER (Albert), de Beaulieu-les-Saumur,
Vice-Président du Syndicat des vins mousseux de Saumur.

SAILLARD (Paul), ✪, de Paris,
Secrétaire de la Chambre syndicale des vins et spiritueux en gros de Paris et du département de la Seine.

SOLÈRES (B. J.), de Paris,
Expert en Douane : Conseiller du commerce extérieur.

LARUE, O. ✠, de Paris,
Conseiller du commerce extérieur.

ROGÉE-FROMY (Eug.), de Saint-Jean-d'Angély,
Président du Tribunal de commerce de Saint-Jean-d'Angély.

MONNET (J.-G.), de Cognac,
Juge au Tribunal de commerce.

CARBONNELL (Henry), de Perpignan,
Président du Syndicat du commerce des vins des Pyrénées-Orientales.

TOURNIER (F.), ✪, de Lyon,
Président de la Chambre Syndicale des vins et spiritueux de Lyon et du département du Rhône ; Président du groupement régional des Syndicats du Sud-Est.

Chapuis, de Dijon,

Président de la Chambre Syndicale du commerce en gros des vins et spiritueux du département de la Côte-d'Or.

Dumoulin (Paul), de Savigny-les-Beaune,

Conseiller du commerce extérieur.

Belleau (D.), ✿, O. ✿, de Reims,

Consul de la République de Libéria.

Heidsieck (Charles), de Reims,

Membre du Comité Français des Expositions à l'Etranger.

Picq (H.-B.), de Libourne,

Président du Syndicat des Expositions des vignobles de la Gironde.

Lemétais (E.), ✿, O. ✠,

Président du Syndicat du commerce des vins et spiritueux de Fécamp ; Vice-Président du Comité International du commerce des vins, cidres, spiritueux et liqueurs ; ancien Président du Tribunal de commerce ; Membre de la Chambre de commerce de Fécamp.

Chapin (Maurice), de Saumur,

Membre de la Chambre de commerce ; Conseiller du commerce extérieur.

Hanier (Ch.), ✿, ✿, de Paris,

Conseiller du commerce extérieur.

Alleau, de Paris.

Administrateur de la *Revue des vins et liqueurs et des produits alimentaires pour l'exportation.*

Picard (J.), ✿, de Caen.

Conseiller du commerce extérieur.

Marc-Foucauld, ✿, de Cognac,

Conseiller du commerce extérieur.

Sourbets (G.), de Mont-de-Marsan,

Administrateur-Délégué de la Banque de France.

Joué (A.), de Perpignan.

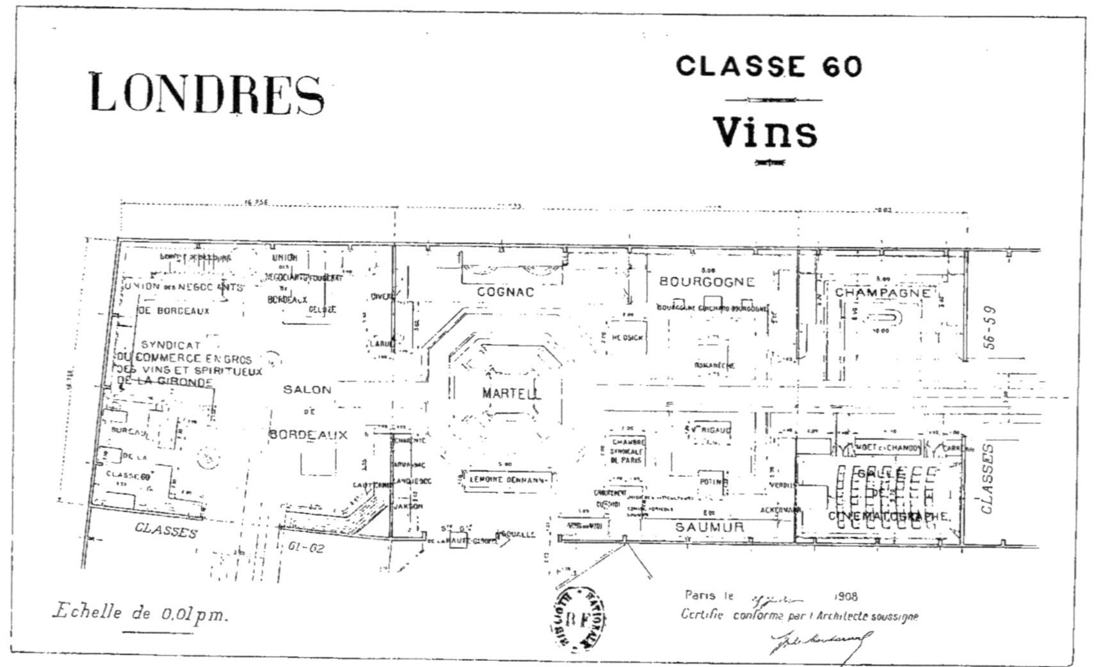

Plan de la Classe 60.

Le Comité d'installation, après avoir examiné toutes les données et réduit ses estimations au minimum possible, détermina le 25 octobre 1907 les prix qu'auraient à payer les exposants de la façon suivante :

VITRINES ACAJOU, ADOSSÉES

Le mètre	700 francs	pour	48	bouteilles
Le 1/2 de mètre	360	— —	24	—
Le 1/4 de mètre	180	— —	12	—
Le 1/8 de mètre	90	— —	6	—

Ces prix constituaient un forfait comprenant :

1° Le transport aller et retour de Paris-domicile ou de la gare pour la province ;

2° L'assurance maritime et l'assurance incendie ;

3° Le déballage et l'installation ;

4° Le gardiennage, le nettoyage et l'entretien pendant toute la durée de l'exposition ;

5° L'ornementation et la distribution des cartes et prix-courants selon désir de l'exposant ;

6° Enfin, la présentation des produits au Jury lors de la dégustation.

Les exposants demandant des vitrines isolées avaient à payer la somme de 400 francs par mètre linéaire de façade développée et 120 francs par mètre carré pour frais de représentation, gardiennage et d'installation.

Pour les producteurs, le Comité réservait des installations d'ensemble dont le coût ne dépassa pas 10 francs par bouteille, soit 30 francs pour un minimum de 3 bouteilles ; tous frais compris.

Les demandes d'admission ne tardèrent pas à affluer et la Classe 60 put bientôt compter sur un emplacement digne d'elle, atteignant environ 800 mètres carrés.

L'Exposition Franco-Britannique se tenait sur un vaste terrain situé dans la partie ouest, la plus aristocratique de Londres, à Shepherd's Bush et Wood Lane.

La longue galerie allant de ces deux points où se trouvaient les entrées principales, renfermait de nombreuses classes françaises et anglaises. C'est vers le milieu de cette galerie, large et spacieuse, qu'avait été installé, par les soins de M. de Montarnal, architecte du Comité, le Groupe X de l'Alimentation : solides et liquides.

La Classe 60, appartenant à ce Groupe, formait, à une partie coudée de la galerie, permettant un heureux développement, un ensemble très intéressant avec ses différents stands, ses cartes murales, ses tableaux, ses bouteilles artistement présentées, soit dans des vitrines, soit sur des gradins du meilleur effet. Une décoration appropriée ornait avec goût les colonnes, les cloisons de séparation. Enfin un cinématographe charentais et un bar de dégustation complétaient cette partie de l'Exposition de la façon la plus satisfaisante.

Le nombre des exposants dans la Classe 60 s'est élevé à 1481, dont 1214 à titre individuel et 267 présentés en dix collectivités. Chacun a rivalisé de zèle pour donner à son exposition particulière la meilleure disposition et pour y faire figurer les produits les mieux venus de sa région.

La Bourgogne, le Bordelais, la Champagne, l'Anjou, les Charentes, le Midi, le Languedoc, les collectivités de la Chambre syndicale des vins en gros de Paris, des Courtiers gourmets, des Syndicats de la Seine-Inférieure, etc., avaient des installations remarquables, dont les quelques photographies qui ornent ce texte ne donnent qu'une trop faible idée. Au milieu se dressait le stand monumental de la maison Martell, d'un style tout à fait remarquable par sa puissance et sa grâce combinées, ses piliers délicats en marbre rehaussé de dorures encadrant de jolis panneaux d'acajou. Dans ce meuble de belle ordonnance, des vitrines heureusement ménagées, laissaient voir de nombreux documents relatifs à la fondation, il y a plus de 200 ans, de cette maison universellement connue.

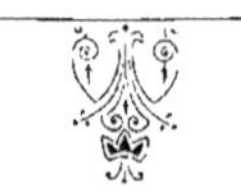

Les membres du Jury.

Fonctionnement du Jury

Au mois de mai 1908, les membres du jury du côté français furent désignés, et en juin, ceux du côté anglais furent nommés.

Le 22 juin eut lieu la première réunion des deux jurys qui se constituèrent ainsi :

Président d'honneur du Groupe ;

M. Kester (Gustave).

CLASSE 60

Vins et Eaux-de-Vie de Vins

Président du Jury :

M. Mandeix (André), Le Havre (Seine-Inférieure).

Vice-Présidents du Jury :

MM. Guestier (Daniel), à Bordeaux (Gironde). — Leenhardt-Pomier, à Montpellier (Hérault).

Rapporteur général du Jury :

M. Charton (Claude), à Beaune (Côte-d'Or).

Rapporteur général adjoint du Jury :

M. Desmoulins (A.-M.), à Paris.

Rapporteurs de Jury de Section :

MM. Michel (Félix), à Montpellier (Hérault). — Morinerie (Raymond de la), à Reims (Marne). — Schyler (Alfred), à Bordeaux (Gironde). — Vivier, à Cognac (Charente). — Mommessin (Jean), à Charnay-les-Mâcon (Saône-et-Loire) (expert).

Secrétaires de Jury de Section :

MM. Meyniac, à Bordeaux (Gironde). — Uzac (Armand), à Bordeaux (Gironde). — Buhan fils, à Bordeaux (Gironde) (juré suppléant). — Chonjon, à Meursault (Côte-d'Or) (juré suppléant). — Meyer, à Saumur (Maine-et-Loire) (juré suppléant). — Rogée-Fromy, à Saint-Jean-d'Angély (Charente-Inférieure) (juré suppléant).

Secrétaires-adjoints de Jury de Section :

MM. Blanlot, à Beaune (Côte-d'Or) (juré suppléant). — Douat (Raoul), à Bordeaux (juré suppléant). — Lhote (S.) fils, à Dijon (Côte-d'Or) (juré suppléant). — Bastide-Vessier (C.), à Aigues-Vives (Gard) (expert). — Martin (René), à Joinville-le-Pont (Seine) (expert). — Petit (P.), à Auxerre (Yonne) (expert).

Jurés titulaires :

MM. Bord (Georges), à Loupiac (Gironde). — Bouteilleau (G.), à Barbezieux (Charente). — Calvet (Jean), à Bordeaux (Gironde). — Chanut (Dr), à Vosne-Romanée (Côte-d'Or). — Chandon (Raoul), à Epernay (Marne). — Delcous, à Paris. — Dumont (Ch.), à Dijon (Côte-d'Or). — Gérald (Geo), à Condéon. — Girard-Amiot (Alex.), à Saumur (Maine-et-Loire). — Goulet (E.), à Paris. — Guillet, à Saintes (Charente-Inférieure). — Havy (Alfred), à Charenton (Seine). — Heidsieck (Charles), à Reims (Marne). — Hennessy (James), à Cognac (Charente). — Hine (Th.), à Jarnac (Charente). — Jacoulot (Vincent), à Romanèche-Thorins (Saône-et-Loire). — Johnston (Raoul), à Bordeaux (Gironde). — Karrer (Emile), à Saint-Denis (Seine). — Kester (Gustave), à Paris. — Lardet, à Mâcon (Saône-et-Loire). — Lignon (Achille), à Lyon. — Luling (Dr), à Reims. — Lur-Saluces (comte de), à Sauternes (Gironde). — Malaquin, à Paris. — Martell (Edouard), à Cognac (Charente). — Mauvigney (Jérôme), à Bordeaux (Gironde). — Maxwell (James), à Bordeaux (Gironde). — Mestrezat (Guill.), à Bordeaux (Gironde). — Otard (baron), à Cognac (Charente). — Passemard, à Saint-Emilion (Gironde). — Proust, à Paris. — Sabot (Albert), à Paris. — Soualle (L.), à Pont-Sainte-Maxence (Oise). — Taberne (Franck), château de Clapiers (Hérault). — Turpin (Henry), à Rouen (Seine-Inférieure). — Verneuil, à Gémozac-Cozes (Charente-Inférieure). — Vert (Baptiste), à Jarnac (Charente).

Jurés suppléants :

MM. Alleau, à Paris. — Bary (Louis de), à Reims (Marne). — Beaumont (Ch. de), à Pauillac (Gironde). — Bernex (L.), à Bordeaux (Gironde). — Desmarquest (Jean), à Romanèche-Thorins (Saône-et-Loire). — Dubreuil, à Gradignan (Gironde). — Dumas (Francisque), à Villefranche-sur-Saône (Rhône). — Fougerat (Jean), à Levallois-Perret (Seine). — Hanier fils, Paris. — Huet (Stanislas), à Libourne (Gironde). — Larue (Auguste), à Paris. — Lemétais, à Fécamp (Seine-Inférieure). — Perrier (G.), à Châlons-sur-Marne (Marne). — Picq, à Libourne (Gironde). — Roos, à Montpellier (Hérault). — Sarrazin, à Dijon (Côte-d'Or). — Vitou (Henri-Clovis), à Paris.

Experts :

MM. Blanchet (Charles), à Beauvais (Oise). — Brunet (Raymond), à Paris. — Cadot, à Paris (Bercy). — Chapuis, à Dijon (Côte-d'Or). — Colcombet, à Dracy-le-Fort (Saône-et-Loire). — Couturat, à Paris (Bercy). — Damade, à Bordeaux (Gironde). — Duquesnay, à Lille (Nord). — Giovetti, à Bordeaux (Gironde). — Gourdault, à Paris (Bercy). — Lawton, à Bordeaux (Gironde). — Lequeux (Alfred), à Châlons-sur-Marne (Marne). — Lunaret (de), à Montpellier (Hérault). — Lung, à Bordeaux (Gironde). — Minvielle (Michel), à Bordeaux (Gironde). — Pardon (J.), à Paris. — Ramelot, au Havre (Seine-Inférieure). — Ricard (Marcel), à Léognan (Gironde). — Rocques (X.), à Paris. — Sengès, à Bordeaux (Gironde). — Vignes, à Narbonne (Aude).

Les jurés anglais avaient été classés par catégorie de la façon suivante :

Pour les vins de Champagne et autres mousseux :

MM. R. Knowles-Perkins, Alfred M. Simon, F. E. Croft, Baron Henry de Ville, J. B. Smith, Victor H. Seyd, Sir J. R. Parkington, Harry T. Selby, G. A. Ralph Tatham, F. J. Anderson.

Pour les Bordeaux :

MM. Wm. C. Lupton, Leo H. Rosenheim, C. C. B. Moss, Ernest B. Rutherford, Ernest F. G. Hatch, Newman Gilbey, Basil C. Sharp, John Barrow, W. G. Richards, C. H. Gilbert Hay.

Pour les Bourgogne et Beaujolais :

MM. W. E. Bodle, J. M. Vernham, R. W Byass, Henry Urquhart, Ernest Beck, Henry Armstrong, Fred. Furze, Fred. Wingfield, J. E. Sarson, Henry Edwards.

Pour les Colonies :

MM. Ch. R. Haig, P. B. Burgoyne, F. Webster, Robert Gray, Hastings A. Perkin, H. O. Yeatman, W. N. Chaplin, Michael Holroyd, James Randall.

Pour les Eaux-de-vie :

MM. W. D. Merrit, H. H. Gordon Clarck, F. H. Browning, Henry Pfungst, E. Oldfield, Cecil H. Pank, Robert L. Cock, H. Hastie Roose, Edward Kidd, Robert R. Schofield.

La rencontre des jurés des deux nations fut des plus courtoises. L'« Entente cordiale » s'est tout d'abord manifestée en une réunion préparatoire où ont été successivement entendus : Lord Blyth, qui présidait, MM. Kester, Turpin, Lupton et D. Guestier. Ceux-ci ont expliqué en anglais, puis en français, le but de l'Exposition Franco-Britannique et les devoirs des jurys, montrant tout le bien que les deux pays pourraient tirer de cette rencontre sur le terrain commercial.

Un déjeuner offert par l'Administration de l'Exposition aux jurés des deux nations leur a permis de faire plus ample connaissance.

Après avoir levé son verre au roi d'Angleterre et au Président de la République, lord Selby a porté en ces termes un toast aux membres du jury :

Le commerce des deux pays, en ce qui concerne les vins, est le plus important et celui à l'occasion duquel les visites sont les plus fréquentes des deux côtés du détroit. Les Anglais ont très souvent parlé de la grande hospitalité qu'ils ont toujours reçue en France et ils ont perpétuellement rapporté de ce pays, quelle qu'ait été la récolte et quels qu'aient été aussi les profits commerciaux retirés des transactions, le plus aimable souvenir. En ce qui touche cette Exposition, nous devons de vifs remerciements au Commerce des vins de France. Les chefs des maisons importantes qui sont venus ici nous ont rendu un grand service. Relativement au Jury, je suis persuadé que nous nous sommes assurés des deux côtés le concours des membres les plus éminents du commerce, hommes d'honneur et de probité.

J'espère que nous aurons de nombreuses réunions semblables à celle-ci et que nous saurons réserver à nos visiteurs le même bon accueil que celui que nous recevons en France.

A cette allocution chaudement applaudie, M. Kester, trésorier du Comité français, au nom des jurés français, a remercié le président de ses très amicales paroles, et a demandé à ses collègues de boire à la santé de Lord Selby, qui a si puissamment contribué au succès de l'Exposition.

M. Turpin, président honoraire du Syndicat National et M. Mandeix, président de la Classe 60, burent également au succès de l'Exposition en général et au groupe de l'Alimentation en particulier.

Au nom des jurés anglais, M. Richards assura les jurés français du soin avec lequel ils se proposaient de travailler pour l'attribution des récompenses, afin de les proportionner correctement aux mérites de chaque produit examiné. « Le rayon de soleil dont nous jouissons aujourd'hui fait bien augurer de nos délibérations qui, j'en suis sûr, se poursuivront dans la plus parfaite harmonie », a dit l'orateur en buvant à la santé de tous.

M. W. Lupton, de Bradford, président de la « Wine and Spirit Association » qui a désigné les jurés anglais, montra alors l'importance du travail à entreprendre en indiquant qu'il y avait dans la cave de la Classe 60 de 5.000 à 6.000 échantillons à déguster.

Aussitôt cette petite et agréable cérémonie de présentation terminée, les membres du jury se rendirent à la cave où se trouvaient réunis ces échantillons et où devait avoir lieu la dégustation.

Mais l'installation intérieure ne permettant pas de les déguster d'une façon convenable, il fut décidé qu'on demanderait à l'Administration de procéder à cette opération dehors, et dès le lendemain matin, c'est-à-dire le mardi 23 juin, les travaux commencèrent dans les sections, constituées et réparties par tables de la façon suivante :

Président d'honneur. — Lord Blyth.

Président. — M. André Mandeix.

Vice-Présidents. — MM. Wm. C. Lupton. — R. Knowles-Perkins. — C. R. Haig. — Daniel Guestier. — Leenhardt-Pomier.

Rapporteur général. — M. Cl. Charton.

Rapporteur général adjoint. — M. A.-M. Desmoulins.

Rapporteurs de Section. — MM. F. Michel. — Alf. Schyler. — De la Morinerie. — Alphonse Vivier. — Mommessin.

Secrétaires. — MM. H. Meyniac. — Uzac. — Eug. Buhan. — Chonion. — Rogée-Fromy. — Meyer.

Secrétaires adjoints. — MM. Douat. — Bastide Vessier. — René Martin. — Lhote. — Blanlot. — Petit.

VINS DE BORDEAUX

Vice-Président. — M. Daniel Guestier.

Rapporteur. — M. Schyler.

Table I

MM. Buhan (*Secrétaire*). — Damade. — J. Calvet. — Mestrezat. — Wm. C. Lufton. — Lung. — Dubreuilh. — Leo. Rosenheim. — Chas. C. B. Moss. — Henry Turpin.

Table II

MM. Uzac (*Secrétaire*). — Guestier. — A. Havy. — de Beaumont. — Larue. — J. E. Sarson. — Lawton. — Sengès. — Ernest B. Rutherford. — Ernest F. G. Hatch. — C. H. Gibert Hay. — Stanislas Huet.

Table III

MM. Meyniac (*Secrétaire*). — Comte de Lur-Saluces. — Maxwell. — Bord. — Johnston. — Minvielle. — Mauvigney. — Newman-Gilbey. — Basil C. Sharp.

Table IV

MM. Douat (*Secrétaire*). — Passemard. — Bernex. — H.-B. Picq. — G. A. Ralph Tatham. — Giovetti. — Ricard. — Janet. — W. G. Richards. — A. S. Findlater.

VINS DE BOURGOGNE

Vice-Président. — M. Chas. R. HAIG.

Rapporteur. — M. MOMMESSIN.

TABLE V

MM. CHONION (*Secrétaire*). — Le Dr CHANUT. — JACOULOT. — PROUST. — DESMARQUEST. — CHAPUIS. — GOURDAULT. — W. E. BODLE. — J. M. VERNHAM. — Ernest BECK. — Fred. FURZE. — Chas. R. HAIG.

TABLE VI

MM. LHOTE (*Secrétaire*). — CHARTON. — LARDET. — SABOT. — Henry EDWARDS. — A.-M. DESMOULINS. — COLCOMBET. — R. W. BYASS. — Henry URQUHART.

TABLE VII

MM. BLANLOT (*Secrétaire*). — DUMONT. — LIGNON. — Fred. WINGFIELD. — LEMÉTAIS. — DUQUESNAY. — Henry ARMSTRONG.

TABLE VIII

MM. PETIT (*Secrétaire*). — GOULET. — MALAQUIN. — ALLEAU. — SARRAZIN. — PARDON.

PARIS ET MIDI

Vice-Président. — M. LEENHARDT-POMIER.

Rapporteur. — M. Félix MICHEL.

TABLE IX

MM. MARTIN (*Secrétaire*). — CUVILLIER. — DELCOUS. — VIGNES. — TABERNE. — VITOU. — de LUNARET.

TABLE X

MM. Bastide VESSIER (*Secrétaire*). — KARRER. — LEENHARDT-POMIER. — HANIER. — ROOS. — CADOT. — COUTURAT. — Michael HOLROYD. — James RANDALL.

COGNAC

Vice-Président. — M. R. KNOWLES-PERKINS.

Rapporteur. — M. Alphonse VIVIER.

TABLE XI

MM. FROMY-ROGÉE (*Secrétaire*). — GUILLET. — HINE. — OTARD. — VERNEUIL. — MARTELL. — J. HENNESSY. — GÉRALD. — BOUTELLEAU. — FOUGERAT. — LAPORTE-BISQUIT fils. — X. ROCQUES. — W. O. MERRITT. — H. H. GORDON-CLARK. — F. H. BROWNING. — R. KNOWLES-PERKINS. — Henry PFUNGST. — Ernest OLDFIELD. — Robt. L. COCK. — H. Hastie ROOSE. — Edward KIDD. — Robt. SCHOFIELD. — Cecil H. PANK.

VINS MOUSSEUX

Vice-Président. — M. Wm. C. LUPTON.

Rapporteur. — DE LA MORINERIE.

TABLE XII

MM. A. MEYER (*Secrétaire*). — Comte R. CHANDON DE BRIAILLES. — Ch. HEIDSIECK. — LULING. — L. de BARY. — G. PERRIER. — LEQUEUX. — RAMELOT. — GIRARD-AMIOT. — Wm. C. LUPTON (J.-P.). — Alfred M. SIMON. — F. E. CROFT. — Baron Henry de VILLE. — John C. SMITH. — Victor E. SEYD. — Sir J. Roper PARKINGTON. — Harry T. SELBY. — Fred. J. ANDERSON. — John BARROW.

Cette répartition faite, le classement, par ordre de mérite, des 6.000 échantillons de vins et eaux-de-vie de vin présentés par les exposants se fit normalement sans désemparer et dura jusqu'à la fin de la semaine, c'est-à-dire du 23 au 27 Juin inclus. Un certain nombre de jurés anglais avaient déjà effectué semblable travail sur le Continent : en France, en Belgique, etc. ; mais, pour beaucoup d'autres, les notes à donner, le classement à établir d'après la moyenne de ces notes, étaient choses nouvelles, l'Angleterre n'ayant pas eu d'exposition de ce genre depuis 1862 ; cependant ces jurés furent vite au courant et tout se passa de la façon la plus satisfaisante.

D'après le catalogue, les diverses régions avaient été réparties de la façon suivante :

Première région. — Seine, Seine-et-Oise, Seine-et-Marne, Oise.

Deuxième région. — Champagne mousseux ; Vins mousseux.

Troisième région. — Côte-d'Or, Saône-et-Loire, Rhône, Yonne, Meurthe-et-Moselle, Meuse, Vosges, Nord, Ain, Jura.

Quatrième région. — Bordelais, Gironde, Dordogne.

Cinquième région. — Charentes.

Sixième région. — Calvados, Eure, Manche, Loire-Inférieure, Maine-et-Loire, Sarthe, Seine-Inférieure, Indre-et-Loire, Loir-et-Cher, Loiret.

Septième région. — Gers, Armagnac, Pyrénées, Nièvre, Allier, Indre, Haute-Garonne, Lot-et-Garonne, Tarn, Puy-de-Dôme.

Huitième région. — Languedoc, Roussillon, Midi.

Neuvième région. — Corse.

Nous examinerons donc chacune de ces régions dans l'ordre où elles figuraient au Catalogue, en faisant connaître, au fur et à mesure, les produits qu'elles ont présentés et les récompenses que ceux-ci ont obtenues.

Tout d'abord, il convient de citer les producteurs et les commerçants dont les produits ont été mis « Hors Concours » parce que ces producteurs ou ces commerçants étaient Membres du Jury. Ce sont :

Hors concours (Membres du Jury de la Classe 60)

Dans les raisons sociales, les noms de MM. les Jurés sont en lettres italiques et placés entre parenthèses.

Alleau, Paris.
Amiot (Veuve) (*A. Girard-Amiot*), St-Hilaire-St-Florent.
Audinet et Buhan (*Buhan*), Bordeaux.
Barton et Guestier (*Daniel Guestier*), Bordeaux.
Bary (Louis de), Reims.
Bastide-Vaissière (Camille), Aigues-Vives.
Blanchet (E.), Beauvais.
Bord (Georges), Cérons-Loupiac.
Boutelleau et Cie (*G. Boutelleau*), Barbezieux.
Brunet (Raymond), Paris.
Calvet (J.) et Cie (*Jean Calvet*), Beaune-Bordeaux.
Chandon et Cie (*Raoul Chandon*), Epernay.
Chanut (Dr), Vosne-Romanée.

CHARTON (Cl.) fils, Beaune.
CHONION (Cl.) Meursault.
COLCOMBET FRÈRES (*Colcombet*), Dracy-le-Fort.
COUTURAT (Ernest), Paris.
DAMADE, Bordeaux.
DELAAGE ET Cie (*Huet*), Libourne.
DELBECK ET Cie (*R. de la Morinerie*), Paris.
DELCOUS ET RICHARD (*Delcous*), Charenton.
DESMARQUEST (Jean), Romanèche-Thorins.
DESMOULINS (A.-M.), Paris.
DESPUJOL ET PICQ (*Picq*), Libourne.
DOMAINE DE CHATEAU-LATOUR (*Ch. de Beaumont*), Pauillac.
DOMAINE DE DAUZAC (Société civile du) (*R. Johnston*), Labarde.
DOUAT FRÈRES (*R. Douat*), Carbon-Blanc, Bordeaux.
DUBREUIL, Gradignan.
DUMAS (Francisque), Villefranche-sur-Saône.
DUMONT (Ch.), Dijon.
DUQUESNAY (Albert), Lille.
ESCHENAUER ET Cie (*Lung*), Bordeaux-Pessac.
ETABLISSEMENT ROUVIÈRE (*Chapuis*), Dijon.
FOUGERAT (Jean), Levallois-Perret.
FROMY-ROGÉE ET Cie (*Rogée-Fromy*), Saint-Jean-d'Angély.
GÉRALD (Georges), Condéon.
GIOVETTI, Bordeaux.
GOULET (Emile), Paris.
GOURDAULT, Paris.
GRATIEN ET MEYER (*Meyer*), Saumur.
HANIER ET FILS ET Cie (*Hanier fils*), Paris.
HAVY (A.), Paris.
HEIDSIECK (Ch.), Reims.
HEIDSIECK ET Cie (Dr *Luling*), Reims.
HENNESSY (James) ET Cie (*James Hennessy*), Cognac.
HÉRITIERS BERNARD (*James Maxwell*), Sauternes.
HINE ET Cie, Jarnac (*Th. Hine*).
JACOULOT (Vincent), Romanèche-Thorins.
JOHNSTON (Nathaniel) ET Cie (*Raoul Johnston*), Saint-Julien.
KARRER (E.), Saint-Denis.
KESTER (G.), Charenton.
LAFOND FRÈRES (*H. Turpin*), Rouen-Bordeaux.

Lardet, Mâcon.
Larue (A.), Paris.
Lawton (Ed.), Saint-Julien.
Leenhardt-Pomier (A.), Montpellier.
Lemétais (E.), Fécamp.
Lequeux (A.), Châlons-sur-Marne.
Lhote (S.) fils, Dijon.
Lignon (Achille), Lyon.
Lunaret (Henri de), Montpellier.
Lur-Saluces (Comte de), Sauternes.
Malaquin (E.), Paris.
Martell et Cie (*Edouard Martell*), Cognac.
Martin (René), Joinville-le-Pont.
Marceau (Marcelin) (*Jérôme Mauvigney*), Bordeaux.
Mestrezat et Cie (*Guillaume Mestrezat*), Bordeaux.
Meyniac (C.) et Cie (*Meyniac*), Bordeaux.
Michel (Félix), Montpellier.
Minvielle (Mme veuve) (*Michel Minvielle*), Ste-Croix-du-Mont.
Mommessin (*Jean Mommessin*), Charnay-les-Mâcon.
Morot (Albert) (*Blanlot*), Beaune.
O'Scanlan et Mandeix (*André Mandeix*), Le Havre.
Otard, Dupuy et Cie (*Baron Otard*), Cognac.
Pardon (Johannès), Paris.
Passemard (R.), Saint-Emilion.
Perrier (B.-E.), (*Gab. Perrier*), Châlons-sur-Marne.
Petit (P.), Auxerre.
Proust (G.), Le Pré-Saint-Gervais.
Ramelot, Le Havre.
Ricard (Marcel), Léognan.
Richard et Muller (*Bernex*), Bordeaux.
Rocques (X.), Paris.
Roos, Montpellier.
Rosenheim et fils (*Rosenheim, Londres*), Bordeaux.
Rouyer-Guillet et Cie (*Guillet*), Saintes.
Sabot (Albert), Paris.
Sarrazin (A.), Dijon.
Schroder et Schyler (*A. Schyler*), Bordeaux.
Sengès, Bordeaux.
Soualle (L.), Pont-Sainte-Maxence.
Taberne, Clapier.

Uzac frères (*Armand Uzac*), Bordeaux.
Verneuil (Albert), Gémozac-Cozes.
Vert et Cie (*Baptiste Vert*), Jarnac.
Vignes, Narbonne.
Vitou (H.), Paris.
Vivier (Alph.), les Allards, par Cognac.

Hors concours (Membres du Jury dans d'autres classes).

Potin et Cie (*Julien Potin*), Paris (Cl. 59).
Quenot (Henri), Dijon (Cl. 61).

Hors concours par application de la convention.

(*Comme ayant obtenus de hautes récompenses dans des Expositions universelles internationales antérieures.*)

Calvet (Mme veuve), Gradignan.
Hanier (Charles), Saint-Cloud.
Monis et Cie, Jarnac.
Ringuet (Eugène), Paris.
Uzac (Mme veuve), Mérignac.

PREMIÈRE RÉGION

Ile de France.

La *première région* qui comprenait, ainsi qu'on vient de le dire, les départements de la Seine, de Seine-et-Oise, de Seine-et-Marne et de l'Oise n'offrait guère de vins spéciaux à ces départements, vins un peu maigres d'ailleurs en général et qui ont peu de chance de réussir en Angleterre ; mais, par contre, grâce au large concours des négociants en vins des Entrepôts parisiens, elle renfermait de nombreux et excellents vins de tous les vignobles de France, élevés et soignés par ces véritables connaisseurs en viniculture qu'ils sont.

M. Proust, Président de la Chambre syndicale des vins en gros de Paris et du département de la Seine, M. Malaquin, Syndic des

Vitrine de la Chambre Syndicale de la Seine.

Stand Martell.

Stand Charles Heidsick.

Courtiers-gourmets, par leur active propagande avaient groupé le Commerce vinicole si important de la Capitale.

Les récompenses suivantes ont été décernées :

Grands Prix.

Chambre syndicale du Commerce en gros des vins et spiritueux, de Paris et du département de la Seine, Paris.
Chambre syndicale des Courtiers-Gourmets, Paris.

En participation :

Allard (Jules).
Andral (Julien).
Cadot (C.).
Coule (C.).
Deshayes (Paul).
Fortin (Ernest).
Gérardin.
Gimaray (Paul).
Gouaux (Léon).
Keene (Maurice).
Lachambeaudie.
Laperrière (A.).
Lémonon (J.).
Messener-Blanchet.
Paquet (Eugène).
Tessier (Gabriel).
Thozet (Félix).
Vazeilles (Paul).

Chaudron frères, Paris.
Cotillon (B.) et Cie, Paris.
Cuvillier (A.) et Moreau (F.), Paris.
Dubosc (J.-G.), Paris.
Houdart et Valès, Les Lilas.
Loury et Guiraud, Paris.
Sibillotte, Paris.

Diplômes d'honneur.

Austruy (C.), Saint-Ouen.
Blonde (J.-R.), Paris.

CARRÉ (René), Paris.
DECROZE, Pont-Sainte-Maxence.
DEFERT (L.), Paris.
FLEUTIAUX (E.), Paris.
GIRARD (J.-B.), Paris.
LOUBERT (G.), Paris.
MAUPASSANT (Comte de), Paris.
MÉGRET (A.), Paris.
MOREAU (J.), Paris.
PAILLARD, Paris.
SAILLARD, Paris.
SCALIET (J.), Paris.

Médailles d'or.

BARON (Ch.), Paris.
CAILLAT (E.), Paris.
CHEVALIER (Ed.-Em.), Paris.
DEMAGNEZ (Eugène), Paris.
GENICOUD (Léon), Paris.
JARLAULD (Veuve), L. JARLAULD ET Cie, Paris.
JAUZIN AINÉ, Grand-Montrouge.
JONINON (Léon), Paris.
LANGLOIS-FOURNIER, Sarcelles.
LAROCHE ET MARC, Paris.
LUPPÉ (Marquis de), Paris.
LUZARCHE D'AZAY, Paris.
MOREL FRÈRES, Charenton.
NOULENS (Joseph), Paris.
RENNUCCI (Sébastien), Paris.
SAULON, Pont-Sainte-Maxence.
SOLÈRES, Paris.
VALETTE (A.), Levallois-Perret.

Médailles d'argent.

CASTAGNOU (Jean), Paris.
CÈS FRÈRES, Charenton.
COELIER (Emile), Paris.
FAUCHEUX (A.), Paris.

François (G.), Bois-le-Roi.
Gouin frères, Paris.
Halphen (Mme), Paris.
Henry et Richard, Paris.
Lacoste frères et Gillot, Paris.
Perdrier et Godin, Paris.
Rosset (N.), et Jacquet, Paris.
Rouquette (E.), Paris.

Médailles de bronze.

Defforey (H.), Ivry-sur-Seine.
Deshayes (Louis), Montreuil-sous-Bois.
Flamant (Charles), Paris.
Libaud, Colombu et Margerand, Paris.
Louy et Couvreur, Paris.
Postel et Lasnier, Charenton.

Mention honorable.

Gauss (L.), Nanterre.

Parmi les grands prix, on remarquera celui attribué à la Chambre syndicale du Commerce en gros des vins et spiritueux de Paris et du Département de la Seine. Cette Chambre avait un ensemble de vins fins et de coupage véritablement remarquable.

La Chambre syndicale des Courtiers-gourmets, en plus de ses vins, montrait une collection des plus intéressantes de tasses à déguster de diverses époques. Les autres exposants avaient du vin et des eaux-de-vie, sauf un, M. J.-G. Dubosc, Directeur du *Moniteur Vinicole*, qui présentait une belle et grande carte murale des plus instructives ; nous en donnons la reproduction ci-contre. Elle indique l'importance du vignoble français par département, faisant voir, pour chacun d'eux, au moyen d'une teinte proportionnée à son étendue totale, la part qui revient à la surface consacrée à la vigne.

Cette carte était complétée par deux tableaux donnant : l'un le nombre d'hectares plantés dans chaque département, l'autre le nombre d'hectolitres récoltés en 1907, avec correspondance des mesures anglaises en gallons et en acres.

Le Vignoble de France

CARTE INDIQUANT, PAR RAPPORT A LA SUPERFICIE DE CHAQUE DÉPARTEMENT, LA PROPORTION DE L'ÉTENDUE PLANTÉE EN VIGNES.

L'ensemble du vignoble français représentait, pour l'année 1907, une surface totale de 1.649.1[illegible]7 hectares ou 4.071.900 acres (mesure anglaise) avec un rendement de 66.070.273 hectolitres ou 1.454.184.724 gallons. (Le gallon vaut environ 4 litres 54.)

DÉPARTEMENTS	NOMBRE D'HECTARES PLANTÉS EN VIGNES	1907	1908
Ain	15.940	429.288 h.	797.715 h.
Aisne	1.919	36.206	31.540
Allier	12.815	564.345	557.476
Alpes (Basses-)	5.692	79.234	83.031
Alpes (Hautes-)	2.332	30.869	35.476
Alpes-Maritimes	6.233	94.921	88.359
Ardèche	17.632	466.651	522.289
Ardennes	272	1.774	2.846
Ariège	4.607	164.853	97.518
Aube	4.807	112.588	129.763
Aude	120.415	8.383.584	6.497.172
Aveyron	13.419	458.357	500.506
Bouches-du-Rhône	27.462	1.349.828	1.257.267
Calvados	»	»	»
Cantal	236	6.034	6.790
Charente	22.596	794.307	524.357
Charente-Inférieure	57.261	2.175.760	1.451.585
Cher	7.890	224.581	233.121
Corrèze	3.536	105.171	92.765
Côte-d'Or	25.113	679.199	929.317
Côtes-du-Nord	»	»	»
Creuse	29	484	362
Dordogne	41.021	1.019.258	1.043.040
Doubs	3.173	50.553	69.498
Drôme	17.915	326.826	444.619
Eure	217	1.411	2.629
Eure-et-Loir	637	6.952	2.773
Finistère	»	»	»
Gard	71.664	4.248.077	4.146.770
Garonne (Haute-)	31.027	1.208.024	927.271
Gers	49.673	1.334.396	758.210
Gironde	142.213	5.139.234	3.343.622
Hérault	178.657	13.395.227	13.479.476
Ille-et-Vilaine	8	151	152
Indre	14.900	289.437	277.845
Indre-et-Loire	42.896	759.957	692.502
Isère	24.285	492.571	853.647
Jura	10.858	142.946	530.562
Landes	20.281	598.630	203.050
Loir-et-Cher	27.112	654.545	547.364
Loire	15.430	560.838	778.322
Loire (Haute-)	4.745	30.757	88.001
Loire-Inférieure	25.766	631.512	389.365
A reporter	1.072.684	37.349.366	42.417.673

DÉPARTEMENTS	NOMBRE D'HECTARES PLANTÉS EN VIGNES	1907	1908
Report	1.072.684	47 349.366	42.417.673
Loiret	13.627	283.690	257.381
Lot	24.460	459.841	536.759
Lot-et-Garonne	41.480	1.086.737	798.769
Lozère	1.046	25.051	26.573
Maine-et-Loire	33.802	725.935	398.249
Marne	14.038	299.565	127.281
Marne (Haute-)	5.979	140.693	97.095
Mayenne	160	2.377	1.483
Meurthe-et-Moselle	11.780	271.261	352.846
Meuse	6.069	97.807	108.989
Morbihan	1.559	31.507	25.173
Nièvre	6.891	155.480	133.794
Nord	»	»	»
Oise	50	694	691
Orne	»	»	»
Pas-de-Calais	»	»	»
Puy-de-Dôme	17.012	622.665	753.832
Pyrénées (Basses-)	15.942	506.828	217.816
Pyrénées (Hautes-)	4 654	119.365	67.956
Pyrénées-Orientales	60.535	4.520.983	3.386.611
Rhône	37.854	1.172.434	1.776.796
Saône (Haute-)	4.361	97.797	123.421
Saône-et-Loire	41.551	1.204.771	2.306.525
Sarthe	6.028	74.717	78.232
Savoie	11.202	197.042	530.737
Savoie (Haute-)	5.200	95.327	238.492
Seine	328	5.909	3.983
Seine-Inférieure	»	»	»
Seine-et-Marne	2.178	28.807	28.739
Seine-et-Oise	3.843	64.145	39.973
Sèvres (Deux-)	6.630	191.348	95.822
Somme	3	»	»
Tarn	32.071	1.168.005	1.288.173
Tarn-et-Garonne	25.445	706.862	713.173
Var	52.564	1.753.803	1.665.899
Vaucluse	32.041	866.663	914.191
Vendée	15.300	594.433	352.747
Vienne	19.956	465 318	204.654
Vienne (Haute-)	199	2.165	2.258
Vosges	4.600	130.000	44.692
Yonne	16.035	559.882	427.787
TOTAUX	1.649.157	66.070.273	60.545.265

Le relevé suivant de la production mondiale du vin en 1907, exprimée en hectolitres et en gallons anglais de 4 litres 54, permet de comparer l'importance des vignobles français par rapport à ceux des autres pays.

PRODUCTION VINICOLE MONDIALE EN 1907 (1)

Pays producteurs	Hectolitres	Gallons
France	66.070.273	1.453.546.000
Italie	52.600.000	1.157.200.000
Espagne	21.000.000	462.000.000
Algérie	8.601.000	189.227.000
Portugal	4.500.000	99.000.000
Autriche	3.500.000	77.000.000
Hongrie	3.100.000	68.000.000
Roumanie	2.600.000	57.200.000
Russie	2 600 000	57 200.000
Bulgarie	2.100.000	46.200.000
Chili	2.100.000	46.200.000
Allemagne	1.900 000	41.800.000
Etats-Unis	1.600.000	35.200.000
Turquie et Chypre	1.500.000	33.000.000
République Argentine	3.100.000	28.600.000
Grèce	1.225.000	26.950.000
Suisse	900.000	19.800.000
Serbie	550.000	12.100.000
Brésil	320.000	7.040.000
Tunisie	300.000	6.600.000
Australie	270.000	5.940.000
Corse	252.076	5.545.672
Colonie du Cap	195.000	4.295.000
Açores, Canaries, Madère	150.000	3.300.000
Luxembourg	105.000	2.310 000
Pérou	95.000	2.090 000
Uruguay	90.000	1.980 000
Bolivie	25.000	550.000
Perse	18.000	396.000
Mexique	16.000	352 000

Il ressort de ces chiffres que sur une production vinicole mondiale de 179.582.000 hectolitres ou 3.950.804.000 gallons, la France fournit à elle seule tous les ans environ le tiers de cette énorme quantité.

Un négociant en vins de Paris, adhérent à la Chambre syndicale du Commerce en gros, M. H. Vitou s'était chargé d'organiser

(1) Chiffres extraits du *Moniteur Vinicole*.

un bar de dégustation pour le public. De grosses difficultés fiscales lui furent suscitées ; mais enfin grâce à l'intervention de M. Malaquin, le très aimable Vice-Président de la Classe 60, elles purent être solutionnées et, pendant toute l'Exposition, ce bar débita et fit connaître aux amateurs, la plupart de nos vins de France, de nos eaux-de-vie et de nos liqueurs. Il est regrettable toutefois que la place ait manqué pour faire plus grand et que les visiteurs dans cette partie de l'Exposition n'aient pas été aussi nombreux que cela eût été désirable.

2me RÉGION

Champagne, Saumur et autres vins mousseux

La *deuxième région* comprenait les vins mousseux de Champagne, de Saumur et quelques-uns d'autres centres vinicoles comme la Bourgogne et le Bordelais.

Voici le relevé des exportations des vins mousseux français à l'étranger :

Destination	1907	1908
	Hectolitres	Hectolitres
Angleterre.............	57.083	49.535
Belgique................	70.756	60.517
Allemagne.............	12.939	11.209
Russie.................	6.732	8.317
Etats-Unis..............	13.904	10.123
Autres pays............	42.873	39.320
Totaux.....	205.487	179.021

Ces quantités représentent 80.804.000 francs pour 1907 et 70.500.000 francs pour 1908.

A propos de ces vins, M. R. de la Morinerie, rapporteur, écrit dans la note qu'il nous a remise :

« Les vins français, connus en Angleterre depuis plus de huit siècles, n'y furent cependant largement importés qu'au XVIIIe siècle ; ils provenaient principalement de la Gascogne, de l'Aquitaine, du Poitou, de l'Anjou et de l'Auxerrois.

« En ce qui concerne les vins de Champagne, Henri VIII faisait envoyer chaque année, aux celliers royaux, un certain nombre de tonneaux de vins d'Ay, mais les vins de la Champagne ne furent vraiment connus en Angleterre qu'en 1660, lorsque Charles II revint de France. Le Champagne « mousseux » fit son apparition à Londres peu après la Restauration, en 1662, et y devint rapidement populaire.

Exposition des Vins de Champagne.

L'Angleterre est devenue actuellement un des marchés les plus importants pour les vins de Champagne, tant par sa consommation intérieure que par son transit alimentant ses colonies. Londres est d'ailleurs, pour le vin de Champagne, un centre mondial d'affaires, et la situation qu'une maison occupe sur le marché britannique a souvent une influence considérable pour ses ventes dans les autres pays.

« Pendant ces dix dernières années, la moyenne annuelle des exportations de la Champagne viticole a été de 21.630.000 bouteilles, et sur ce chiffre, la consommation moyenne de l'Angleterre s'élève à 1.146.934 gallons, soit 6.882.604 bouteilles.

« Les vins de Champagne étaient représentés à l'Exposition Franco-Britannique par quelques exposants individuels, mais principalement par le Syndicat du Commerce des vins de Champagne, groupement comprenant trente-quatre maisons, parmi lesquelles se trouvent les grandes maisons de la Champagne, celles qui ont fait sa renommée mondiale.

« Parmi les autres vins mousseux se trouvaient les vins mousseux de Saumur, qui sont l'objet d'un commerce important en Angleterre; les principales maisons s'y trouvaient représentées soit individuellement, soit dans le groupement du Syndicat des vins mousseux de Saumur.

« Les vins de Bourgogne mousseux figuraient également en bonne place.

VINS MOUSSEUX FRANÇAIS CONSOMMÉS EN ANGLETERRE PENDANT L'ANNÉE 1908

Champagne	875.125	gallons (1)	soit	5.250.750	bouteilles.
Saumur.	98.465	—	soit	590.790	—
Bourgogne (mousseux) .	9.741	—	soit	58.446	—

« Ces chiffres assez réduits, les plus bas que l'on ait constatés depuis de nombreuses années, résultent de la crise financière et économique que le marché mondial vient de traverser ; une reprise des affaires semble se dessiner, et l'on peut espérer un prochain relèvement de nos transactions avec l'Angleterre ».

L'Exposition du Syndicat du commerce des vins de Champagne, dont nous donnons ci-contre la reproduction, intéressait particurement les visiteurs par ses bonnes dispositions et la représentation en petit, du vignoble et des caves de la Marne, avec la série des opérations constituant la préparation des vins mousseux naturels.

(1) Un gallon, qui représente 4 litres 54, vaut 6 bouteilles.

En face du stand du Syndicat se trouvaient disposés, par la maison Moët et Chandon, dans une élégante vitrine, les types de bouteilles dont le Commerce des vins de Champagne faisait usage il y a plus d'un siècle et des petits modèles de pressoirs. Une exposition originale aussi et bien présentée, attirait l'attention du visiteur, c'était celle de M. Charles Heidsieck : il a eu l'excellente idée de transporter sur le sol anglais un bloc de la craie champenoise ; les excavations ménagées dans ce bloc montraient les caves de la Champagne et au-dessus s'étageaient les divers celliers.

Dans les jardins de l'Exposition, la maison Moët et Chandon avait encore édifié un pavillon élégant, style régence, et qui contenait des collections précieuses et des documents de la plus haute valeur sur le développement de l'industrie des vins de Champagne. Des dioramas disposés dans les sous-sols et montrant les manipulations, dans les caves champenoises, excitaient vivement la curiosité des visiteurs.

Les vitrines de la Collectivité Saumuroise montraient aussi des bouteilles élégamment disposées et du meilleur effet.

Tous ces vins ont été appréciés à leur juste valeur par les dégustateurs, et ce nouvel examen, par les plus fins connaisseurs de France et d'Angleterre, n'a fait que confirmer les brillantes qualités de goût, de distinction et de finesse de ces produits que ceux d'aucun autre pays ne peuvent atteindre.

C'est à une culture très soignée, à la situation climatérique de la Champagne, à la nature spéciale du sol, que sont dues ces qualités spéciales. La montagne de Reims et ses principaux crus : Bouzy, Ambonnay, Verzy, Verzenay, Sillery, Mailly et Rilly, ont comme caractères particuliers la vinosité et la fraîcheur. A la côte d'Avize, spéciale par ses vins blancs, et où sont Cramant, Avize, le Mesnil-Oger, Grauves et Cuis, au sud d'Épernay, on reconnait une grande finesse et une exquise délicatesse ; enfin, la vallée de la Marne, avec Ay, Mareuil, Champillon, Hautvillers, Dizy, Épernay, Pierry et Cumières, a des crus de raisins noirs au bouquet délicieux.

Certains amateurs accordent plus de faveur au vin sec ; l' « extra dry » est surtout demandé par les Anglais, les Allemands, les Russes, les Américains du Nord ; en France on préfère les vins mousseux légèrement sucrés, ceux-ci étant, de préférence, bus au dessert.

Au momont ou l'exposition s'ouvrait, il y avait dans les caves champenoises 154.917.193 bouteilles de vin de Champagne, représentant 1.079.367 hectolitres, plus 431.544 hectolitres de vins en

Exposition des Vins mousseux de Saumur.

futs. Chaque année, 22 à 23 millions de bouteilles sont expédiées à l'étranger et 10 à 11 millions consommées en France.

Les vins de Saumur mousseux ont de la délicatesse, tout en étant suffisamment corsés et possèdent un bouquet élégant.

La production industrielle des vins mousseux a été établie dans le Saumurois il y a plus d'un siècle et les exportations annuelles à l'étranger atteignent dans les environs de 2.500.000 bouteilles. Les négociants exportateurs assurent que si ces vins n'ont pas pris, sur le marché mondial, une place plus importante, cela tient uniquement à ce qu'ils supportent partout des taxes de luxe hors de proportion avec leur valeur marchande.

A côté des vins, rendus mousseux par les procédés naturels employés en Champagne, les imitations obtenues par gazéification artificielle sont maigres et manquent de distinction ; leur mousse disparaît dès l'ouverture de la bouteille, laissant le liquide le plus souvent fade et plat. Ces vins n'ont eu aucun succès à l'Exposition.

Les statistiques anglaises pour l'importation et la consommation des vins mousseux en Angleterre donnent les chiffres ci-dessous pour les trois dernières années :

Importation

PROVENANCES	1906	1907	1908
	Gallons	Gallons	Gallons
Champagne	1.160.914	1.057.439	917.157
Saumur	114.231	110.693	97.988
Bourgogne	12.517	13.415	10.389
Vins du Rhin	41.501	42.576	35.648
Moselle	56.096	53.891	17.954
Autres	3.037	4.770	13.627
TOTAL	1.388.296	1.282.784	1.122.763

Consommation (droits acquittés).

PROVENANCES	1906	1907	1908
	Gallons	Gallons	Gallons
Champagne	1.020.643	938.580	875.125
Saumur	108.189	109.690	98.465
Bourgogne	11.530	12.027	9.741
Vins du Rhin	40.363	41.445	34.523
Moselle	53.823	50.936	47.573
Autres sortes	3.021	4.220	9.882
TOTAL	1.237.569	1.154.898	1.075.309

La différence entre les chiffres de ces deux tableaux indique la réexpédition.

On voit l'importance de nos ventes de vins mousseux en Angleterre par rapport aux autres pays ; toutefois on notera avec regret la diminution qui se manifeste dans nos envois depuis quelques années. Il y a urgence à aviser.

Voici la liste des prix décernés dans cette section :

Grands prix.

ACKERMANN-LAURANCE, Saint-Hilaire-Saint-Florent.
SYNDICAT DES VINS DE CHAMPAGNE, Reims.

En participation :

AYALA ET Cie, Ay.
BILLECART-SALMON (*Billecart père et fils*), Mareuil-sur-Ay.
BINET FILS ET Cie (*Veuve Binet et Fils et Cie*), Reims.
CHARLES DE CAZANOVE (*Frank et Joseph de Cazanove*), Avize.
DE SAINT-MARCEAUX ET Cie (*André Givelet et Cie*), Reims.
DEUTZ ET GELDERMANN (*Lullier, Van Cassel, Lurvin et Cie*), Ay.
DINET-PEUVREL ET FILS (*G. Loche*), Avize.
DUMINY ET Cie, Ay.
FARRE (Ch.), Reims.
FRÉMINET ET FILS, Châlons-sur-Marne.
GIESLER ET Cie, Avize.
GOULET (George) (*Veuve George Goulet et Cie*), Reims.
GOULET (Henry) (*Mareschal et Cie*), Reims.
IRROY (Ernest) (*Blondeau, Berque et Cie*), Reims.
KRUG ET Cie, Reims.
LANSON PÈRE ET FILS, Reims.
LECUREUX ET Cie, Avize.
MONTEBELLO (duc de) (*Alfred de Montebello et Cie*), Mareuil-sur-Ay.
MUMM (G.-H.) ET Cie, Reims.
PERRIER-JOUET ET Cie (*Galice et Cie*), Epernay.
PERRIER (Joseph) FILS ET Cie (*P. Pithois*), Châlons-sur-Marne.
PIPER-HEIDSIECK (*Kunkelmann et Cie*), Reims.
POMMERY ET GRENO (*Veuve Pommery fils et Cie*), Reims.

RENAUDIN-BOLLINGER ET Cie (*J. Bollinger*), Ay.
RŒDERER (Louis) (*L. Olry-Rœderer*), Reims.
ROGER (Pol) ET Cie, Epernay.
RUINART PÈRE ET FILS, Reims.
VEUVE CLICQUOT-PONSARDIN (*Werlé et Cie*), Reims.
WACHTER ET Cie, Epernay.

SYNDICAT DES VINS MOUSSEUX, Saumur.

En participation :

CHAPIN ET Cie, Saumur.
CHARBONNEAU ET LEHOU, Saumur.
CHAUSSEPIED (Alexis), Saint-Hilaire-Saint-Florent.
DE LESSEVILLE FRÈRES, La Coutancières-Brain-s/Allonnes.
DE NEUVILLE ET Cie, Saint-Hilaire-Saint-Florent.
TESSIER (G.) ET Cie, Saumur.

Diplôme d'honneur.

LEMOINE (J.), Rilly-la-Montagne (Marne).

Médailles d'or.

JACQUESSON ET FILS, Châlons-sur-Marne.
LOCHE (A.-G.), Avize.
MEYNOT (G. DE) ET Cie, Saint-Emilion.

Médailles d'argent.

CARRÉ FILS (L. et E.), Avize.
MONNIER (René), Paris.
ROUQUETTE (E.), Paris.

Médailles de bronze.

BICHAT (F.) ET Cie, Reims.
LEHOULT (Louis), l'Angenardière (Indre-et-Loire).

Mentions honorables.

LAVAIVRE, château de la Montée, par Charrin.
MATHIEU (A.-B.), Gaillac.

TROISIÈME RÉGION

Bourgogne et Vignobles de l'Est.

La *troisième région* était constituée par les départements de la Côte-d'Or, de Saône-et-Loire, du Rhône, de l'Yonne, de la Meurthe-et-Moselle, de la Meuse, des Vosges, du Nord, de l'Ain et du Jura ; soit la Bourgogne, le Beaujolais, le Nivernais, les Côtes-du-Rhône et les vignobles de l'Est.

M. Charton, Président du Syndicat de Beaune, M. Sarrazin, Secrétaire général du Syndicat de Dijon, par une entente des plus étroites, avaient stimulé le zèle de tous les groupements viticoles et vinicoles de cette région et leurs efforts ont été couronnés d'un plein succès.

La large travée occupée par tout ce groupe avait l'aspect le plus riant, ainsi qu'on peut s'en rendre compte par la reproduction ci-contre. Non seulement toutes les bouteilles, aux noms les plus fameux, parlaient, pour ainsi dire, à l'œil et au palais des connaisseurs, mais les tableaux et les cartes montrant l'importance du vignoble, sa disposition et son étendue sur le sol français, retenaient particulièrement l'attention.

Les Bourguignons de l'Yonne, de la Côte-d'Or, de Saône-et-Loire, avaient, du reste, présenté à la dégustation leurs meilleurs vins et on peut dire que c'était un enchantement pour les experts que de goûter ces produits merveilleux par leurs grandes qualités si variées, leur solidité, leur finesse et leur charme.

Les principaux vins rouges de la Haute-Bourgogne : Romanée-Conti, Chambertin, Richebourg, Clos-Vougeot, La Tache, Saint-Georges, Corton, Clos de Tart, Premeaux, Musigny, ont pour caractères une exquise finesse et un parfum que les uns comparent à celui de la framboise et les autres à celui de la violette. Ils réunissent toutes les qualités constituant le vin parfait ; on y trouve en même temps du corps, du moëlleux, de la vigueur, de la légèreté, de la sève, du bouquet, de la force alcoolique; enfin une couleur rubis qui ravit les yeux.

Indépendamment de ces grands vins, le beau vignoble de la Côte-d'Or compte quantité d'excellents produits de Vosnes, de Nuits, de Chambolle, de Volnay, de Pommard, de Beaune, de Morey, de

Exposition des Vins de Bourgogne.

Savigny, de Meursault, de Gevrey, qui constituent aussi une série de grands crus. Les mêmes territoires fournissent, après les vins fins, des « grands ordinaires » et des « bons ordinaires ».

Les vins de troisième et de quatrième classe, qui composent les produits « ordinaires » ont une échelle encore très variée. Les passe-tout-grain corsés et bien constitués, composés de raisins différents : pinot et gamay, ne manquent pas de fermeté, mais n'ont pas la distinction que donne le pinot seul. Cependant ces vins ont du plein et rendent de grands services à la consommation en France. Ils pourraient trouver de nombreux acheteurs en Angleterre même.

Les vins blancs jouissent aussi d'une juste renommée. Le Puligny-Montrachet ou simplement Montrachet est, de tous, le plus estimé ; il a du corps, de la finesse, une bonne force alcoolique, de la sève et un bouquet distingué. C'est un vin blanc tout à fait remarquable.

Les vins de la Basse-Bourgogne sont en majorité fournis par le département de l'Yonne ; les rouges n'ont pas les grandes qualités de ceux de la Haute-Bourgogne, mais ils ont aussi leur cachet. Les meilleurs crus sont ceux de l'Auxerrois et du Tonnerrois ; ils sont corsés, d'une belle couleur, frais, délicats ; ils ont de la sève et un excellent bouquet.

Les vins blancs de l'Yonne sont assez nombreux ; comme beaucoup de ses vins rouges, mais à un degré plus élevé, ils ont un goût caractéristique de pierre à fusil. Les meilleurs sont les Chablis qui jouissent d'une grande réputation justement méritée ; en général, ils ont une limpité parfaite, une finesse et un parfum qui les recommandent aux gourmets de tous les pays.

Le vignoble des Riceys, situé dans la partie Sud du département de l'Aube, appartiendrait aussi à la Basse-Bourgogne ; il a des vins vifs et agréables de goût.

Le département de Saône-et-Loire est encore compris dans l'ancienne province de la Bourgogne. Les vins rouges de Mercurey, de Givry, de Saint-Martin, de Rully, sont les principaux ; puis viennent les Buxy, les Jambles, etc. Les premiers se distinguent par leur goût agréable, leur légèreté, leur vivacité et leur parfum. Comme tous les vins de Bourgogne, ils ont une belle couleur rubis. Les vins de la côte Châlonnaise sont un peu plus secs que ceux de la Haute-Bourgogne. Parmi les vins blancs, il faut citer quelques crus de Buxy légers et pétillants ; ceux de Givry sont moins délicats.

Dans le reste du département de Saône-et-Loire, comprenant le Mâconnais, ainsi que dans le Beaujolais, formé par une fraction du département du Rhône, le vignoble produit des vins frais et fruités fort agréables. C'est là que nous trouvons les Romanèche-Thorins dont le fleuron, le Moulin-à-vent, peut suffir à la gloire du Mâconnais-Beaujolais.

Sur les vins de la Bourgogne, M. C. Charton, rapporteur général, président du Syndicat du Commerce en gros des Vins et Spiritueux de l'arrondissement de Beaune, a écrit spécialement les lignes suivantes :

« Le vignoble bourguignon qui comprend, en allant du Nord au Sud, les côtes de l'Yonne, la Côte-d'Or, le Chalonnais, le Mâconnais et le Beaujolais, jouit d'une renommée universelle et fort ancienne. Si Domitien, dans une année de disette de blé, en l'an 92 de notre ère, ordonna d'arracher la moitié des vignes de la Gaule narbonnaise et défendit d'en planter à l'avenir, l'excellent empereur Probus en favorisa le développement en 282, et bientôt les côteaux du Rhône, de la Saône et ceux du pays des Eduens (Côte-d'Or) furent couverts de ceps. Depuis, l'histoire nous fournit une multitude d'anecdotes où l'on voit en quelle estime étaient tenus nos vins, qui, nous devons le reconnaître, n'avaient pas à lutter contre autant de détracteurs et de tourmenteurs qu'à notre époque. Hâtons-nous d'affirmer, d'ailleurs, notre foi en la vitalité de nos vignobles, qui surmonteront les difficultés présentes comme ils ont jadis triomphé des prescriptions radicales de Domitien.

« Enumérons simplement quelques-unes de ces anecdotes les plus significatives. La valeur des vins de Bourgogne fut éloquemment proclamée au quatrième siècle, dans un discours d'Eumène à Constantin ; au sixième siècle, Grégoire de Tours vante la noblesse des vins produits par les montagnes fertiles situées à l'occident de Dijon ; les rois, les ducs de Bourgogne, s'intitulaient : « Seigneurs immédiats des meilleurs vins de la chrétienté, à cause de leur bon pays de Bourgogne, plus famé et renommé que tout autre où croît le vin. » C'est ainsi que, jusqu'à Louis XIV, le vin de Bourgogne était le breuvage aristocratique par excellence. Il occupait toujours une place d'honneur aux cérémonies du sacre, à Reims. Le grand roi fut un fervent admirateur des bons vins bourguignons et notamment de ceux de Beaune, « les plus agréables et les plus salutaires de tous », au dire de la Faculté de Médecine de Paris (1685), et que son médecin Fagon lui recommandait de préférence à tous autres, après une longue maladie.

« On conte une plaisante histoire au sujet de cette prédilection de Louis XIV pour le bourgogne. C'était en l'année 1660, un dimanche, au cours d'une cérémonie religieuse célébrée dans la chapelle de Versailles : le roi ayant remarqué un homme qui semblait se tenir debout alors que tout le monde était agenouillé lui envoya un de ses officiers pour le rappeler à plus de piété ; mais l'officier constata que l'homme était agenouillé, et cet incident fit désirer au roi de voir ce géant. Il lui fut amené à l'issue de la cérémonie ; c'était un vigneron mâconnais, nommé Claude Brosse, venu avec son char traîné par deux bœufs pour présenter des vins à la cour ; Louis XIV s'empressa de goûter ces vins ; il les apprécia et fit de Claude Brosse son fournisseur.

« Pour Napoléon Ier comme pour Louis XIV, le bourgogne était le premier des vins, et il appréciait tout particulièrement le chambertin. A l'étranger, le sentiment n'était pas différent et la renommée de ces grands vins était incontestable, soit dans les cours, soit chez les gens d'église, soit même chez les savants. Au dire de Pétrarque (1308), le schisme d'Avignon s'explique par le goût très vif des cardinaux pour le vin de Beaune, dont ils n'ont pas en Italie ! « Ils ne croient pas mener une vie heureuse sans cette liqueur, ajoute-t-il ; ils regardent ce vin comme un second élément et comme le nectar des dieux. » Quant aux savants, on connaît l'exclamation d'enthousiasme d'un des plus illustres d'entre eux, Erasme, qui s'écriait en 1522 : « O heureuse Bourgogne, qui mérite d'être appelée la mère des hommes, puisqu'elle leur fournit, de ses mamelles, un si bon lait ! » De nos jours, les crûs généreux récoltés sur les coteaux bourguignons jouissent d'une réputation mondiale ; ils se sont démocratisés et font l'objet de très importantes exportations ; de puissantes et nombreuses maisons de commerce se consacrent à leur vente, et font des affaires principalement avec l'Angleterre, la Belgique, la Russie, l'Amérique, la Suisse et l'Allemagne. Malheureusement, comme nous le disions plus haut, la viticulture doit surmonter des obstacles toujours grandissants, résultant surtout des lois fiscales, des tarifs douaniers et de la violente campagne des buveurs d'eau.

« Vignobles de l'Yonne. — L'étendue de ces vignobles est d'environ 40,000 hectares ; la récolte, qui atteint parfois un million d'hectolitres, est en moyenne de 600,000 hectolitres en raison des gelées de printemps fréquentes. Les vins de l'Yonne ont joui autrefois d'une situation tout à fait privilégiée quand le vignoble était entre les mains des nobles, des riches bourgeois et des abbayes ; c'était « le breuvage des nobles et des chanoines ». Ils occupent aujourd'hui une place excellente sur le marché parisien. On peut diviser les vins de l'Yonne de la façon suivante, par ordre décroissant de qualité : 1° vins des terrains jurassiques, qui comprennent les arrondissements de Tonnerre et d'Auxerre ; 2° vins du crétacé, au nord du département (Joigny et Sens) ; 3° vins des terrains granitiques, de l'Avallonnais.

« Ce sont surtout les vins blancs de l'Yonne, dont le type le plus parfait est le Chablis, qui font la grande réputation de ces vignobles ; on considère le Chablis comme le second vin blanc du monde après le Meursault et le Montrachet ; il est admirable de finesse, de bouquet, de robustesse. La gamme de ses nuances est infinie et délicieuse ; il a de précieuses qualités hygiéniques et digestives. Les vins blancs ordinaires sont secs, d'une saveur franche et très relevée. En vins rouges, l'Yonne fournit des ordinaires légers, frais et fruités, et de grands ordinaires comme aussi d'autres corsés, robustes et nerveux (Irancy, Coulange-la-Vineuse). Les vins d'Avallon, Joigny, Auxerre, Tonnerre, Epineuil sont remarquablement généreux, fins et d'un bouquet relevé.

« Cote-d'Or. — Le département de la Côte-d'Or comprend 30,000 hectares de vignes. La renommée de ses vins est si répandue que nous ne ferons que mentionner, pour mémoire, les produits ordinaires, d'excellente qualité, doués de franchise, de fraicheur et de fruité remarquables, produits par l'Arrière-Côte, la Plaine, le Val-de-Saône, l'Auxois et le Chatillonnais, Nous aborderons tout de suite la terre glorieuse des grands crus, cette côte admirable qui a donné son nom au département. Elle n'est pas de vastes dimensions ; elle a 60 kilomètres de long sur une largeur de 500 mètres environ, ce qui donne 3,000 hectares de superficie. Ses produits sont merveilleux, et, innombrables sont les savants, les gourmets et les poètes dont ils ont provoqué l'admiration, l'enthousiasme ou le lyrisme. Citons l'appréciation autorisée du Dr Lavalle : « A une couleur vermeille, une limpidité parfaite, une action bienfaisante sur les organes de la digestion, ils joignent une exquise finesse dans le bouquet, une saveur à la fois chaude et délicate qui se prolonge quelques instants et laisse après elle une haleine douce et embaumée. » Les vignes de grands crûs sont généralement situées à mi-côte, à une altitude de 260 à 320 mètres au-dessus du niveau de la mer ; elles jouissent d'une exposition exceptionnelle. On divise toujours la Côte en trois parties : Côte dijonnaise, Côte de Nuits et Côte de Beaune.

« 1° *Côte dijonnaise.* — Dans cette partie des vignobles bourguignons sont classés ceux situés aux environs de l'ancienne et belle capitale de la Bourgogne, notamment sur les communes de Dijon, Couchey, Chenôve, Marsannay. Le domaine de Chenôve appartint aux ducs de Bourgogne et aux rois de France, il produit des vins qui ont été très célèbres et qui sont toujours très goûtés ; mentionnons les excellents « climats » des Marcs-d'Or et des Montreculs ;

« 2° *Côte de Nuits.* — Les communes dont les vignobles constituent la Côte de Nuits sont les suivantes : Fixin, Brochon, Gevrey-Chambertin, Morey, Chambolle-Musigny, Vougeot, Flagey-Echézeaux, Vosne-Romanée, Nuits-Saint-Georges, Premeaux, Prissey, Comblanchien, Corgoloin et Serrigny. Cette énumération de noms universellement et séculairement illustres pourrait nous dispenser de tout commentaire ; ils disent avec un éclat suffisant la haute valeur des vins récoltés sur ces coteaux privilégiés. Tous les crus de ce vignoble méritent une étude spéciale et minutieuse, qui dépasse les limites de cette note, et que l'on trouve d'ailleurs facilement. Mais nous ne pouvons nous résoudre à quitter cette Côte de Nuits sans saluer au passage certains des plus nobles fleurons de son admirable couronne : le Chambertin, le Musigny, le célèbre Clos-Vougeot, devant lequel un général de la Grande-Armée faisait présenter les armes, le Richebourg, la Romanée-Conti, dont la rareté accroît encore la valeur, le Saint-Georges, etc., etc.

« 3° *Côte de Beaune.* — Elle s'étend sur le territoire des communes d'Aloxe-Corton, Pernand, Savigny, Beaune, Pommard, Volnay, Monthelie, Auxey, Meursault, Puligny, Chassagne, Santenay. C'est-à-dire que la Côte de Beaune continue dignement celle de Nuits ; quelle donc région pourrait, en effet, rivaliser avec celle-ci et présenter une gamme aussi incomparable de cités ou de villages dont le nom glorieux est aussi notoire que ceux des grandes capitales. Répétons, comme nous le disions plus haut, que les innombrables crûs de cette partie de la Bourgogne vinicole méritent tous d'être cités, et mentionnons, parmi les meilleurs et les plus connus : le Charlemagne et le Corton, dont les vins sont admirables de finesse et de corps ; les Marconnets et les Vergelesses, à Savigny ; les crus de premier ordre, d'un bouquet et d'une finesse parfaite, qui sont l'honneur de Pommard et de Volnay ; les Santenots, grands vins rouges de Meursault, et ses vins blancs plus célèbres encore, la Goutte-d'Or notamment, les Montrachet, dont on a dit avec raison qu'ils atteignent une perfection divine et sont les premiers vins blancs du monde.

« Au centre des vignobles côte d'oriens se trouve la ville de Beaune, qui mérite bien le titre de capitale viticole de la Bourgogne. Elle y a droit en raison d'abord de l'étendue et de l'excellence hors pair de son vignoble, dont les multiples crus sont groupés sous une appellation appréciée dans le monde entier, celle de Beaune 1re. Elle le mérite aussi en ce qu'elle est par excellence la cité du vin ; à Beaune, il semble que chacun vive par et pour le vin, que le jus vermeil de ses ceps soit le sang vivifiant qui lui procure toute son activité et toute sa prospérité. N'est-ce pas le vin, en effet, qui fait vivre un très grand nombre de maisons de commerce, dont plusieurs sont considérables, et qui s'adonnent aux exportations, dont le chiffre est fort élevé ? N'est-ce pas de lui que toute une armée de tonneliers, de vignerons, de courtiers et d'employés tirent leurs ressources ? N'est-ce pas pour lui que se sont constituées plusieurs sociétés viticoles très actives, au bon fonctionnement desquelles se consacrent des hommes les plus compétents et les plus dévoués, qu'ont été institués des établissements, des écoles prospères ? etc... Et puis Beaune a ses Hospices, avec leurs fameux domaines, dont la vente des vins attire, chaque année, dans le pur joyau qu'est l'Hôtel-Dieu, une énorme affluence de visiteurs, accourus de tous les coins de France et des pays étrangers pour se disputer, à prix d'or, ce produit supérieur à tout autre : les vins des Hospices de Beaune.

« La vente de ces vins est une solennité célèbre et les prix qui y sont obtenus sont souvent fort élevés : le record a été atteint le

14 novembre 1906 ; ce jour-là, la cuvée dite du Chancelier Rollin (vin de Beaune) fut adjugée moyennant la somme de 4,000 francs la queue de deux pièces, soit 456 litres ; le souvenir de cette enchère mémorable est perpétué par l'image, représentant la grande cour de l'Hôtel-Dieu, remplie de monde, au moment où ce prix sans précédent était affiché, comme d'usage, à la galerie du premier étage.

« Côte chalonnaise. — En quittant la prestigieuse Côte-d'Or, nous trouvons dans la Côte châlonnaise des vins encore excellents et des vignobles tenant une place fort honorable. La valeur des crus varie beaucoup suivant les cépages, le sol et l'exposition ; dans les arrière-côtes très fertiles, on obtient des rendements considérables avec le cépage de Gamay. De nombreuses communes, Chagny, Chaudenay, Saint-Léger-sur-Dheune, Sennecey-le-Grand, etc., donnent, en grande quantité, de bons vins ordinaires ; meilleurs sont les vins de Buxy, Cheilly, Aluze, Saint-Désert. Enfin les meilleurs crus de ces vignobles se trouvent à Dezize-les-Maranges, à Givry et surtout à Mercurey. Le Mercurey, récolté dans la commune de ce nom et à Bourgneuf-Val-d'Or, est plus léger que les vins de la Côte-d'Or ; il est d'une grande finesse et d'un bouquet qui se développe très rapidement. Rully a des vins rouges soutenant la comparaison avec ceux de Mercurey, mais doit surtout sa réputation à ses excellents vins blancs, pleins de feu et de bouquet et qui ne sont pas appréciés d'aujourd'ui seulement, puisque, en 1629, les Chalonnais en offrirent 22 bouteilles à Louis XIII.

« Maconnais. — Le magnifique vignoble du Mâconnais fait suite à la Côte chalonnaise sur une longueur de 40 kilomètres ; les vignes sont généralement situées sur les coteaux et très bien exposées. L'étendue du vignoble est d'environ 40,000 hectares, avec une production moyenne de 800,000 hectolitres. Après avoir été détruit par le phylloxera, on peut le considérer comme entièrement reconstitué. Les vins blancs ordinaires sont très agréables pour la consommation journalière, verts et bien fruités ; les grands ordinaires, de bonne conservation, sont vins de table par excellence, et se vendent beaucoup à Paris. Les grands crus en blancs, méritent, par leur bouquet et leur richesse alcoolique, d'être comptés parmi les meilleurs de la Bourgogne. On peut dire que les grands vins de Mâcon, dont la vinification est, d'ailleurs, entourée de beaucoup de soins, participent des qualités du Bourgogne proprement dit et du Beaujolais. On peut diviser le Mâconnais en : Haut-Mâconnais, produisant des vins ordinaires, aux environs de Cluny et de Tournus, et Mâconnais proprement dit, donnant de grands ordinaires et de bons vins blancs. Citons pour les vins blancs ordinaires, Chardonnay, Sancé, Viré ; pour les grands crus en blanc, Fuissé, Solustré et surtout Pouilly, dont les excellents produits peuvent rivaliser avec les plus fameux. En rouge, on récolte de bons ordinaires à La Chapelle-de-Guinchay, Charnay, Saint-Sorlin, Uchizy, Romanèche-Thorins, Azé, Sennecey. Les grands vins, gloire de la région, sont au sud du Mâconnais, aux confins du Beaujolais, à Thorins, avec son fameux Moulin-à-Vent.

« Beaujolais. — Cette région vinicole était jadis l'apanage des sires de Beaujeu, dont elle porte le nom ; ses centres les plus importants sont Villefranche, Belleville, Anse et Beaujeu. Le vignoble s'étage sur les bords de la Saône, au flanc de coteaux qui constituent une chaîne de montagnes de 45 kilomètres de long sur 25 de large. Sur un sol riche et fécond, la vigne robuste et bien cultivée couvre 40,000 hectares dont la production peut atteindre, en plein rapport, jusqu'à 1 million 1/2 d'hectolitres. Les vins du Beaujolais ont un bouquet, un caractère de distinction vraiment remarquable, leur constitution permet leur transport facile et sans danger et les rend toniques et digestifs. Ils présentent cette particularité que, le Pinot étant inconnu dans cette région, c'est le Gamay qui y donne des cuvées excellentes et appréciées. On fait généralement le classement suivant parmi les grands crus du Beaujolais : Chénas, Fleurie, Thorins donnent des vins fins, tendres, précoces, tandis que ceux de Juliénas, Morgon, Brouilly, sont corsés et de plus longue durée. Une spécialité dans cette région, c'est les vins gris, obtenus par une très courte fermentation en cuve, qui prennent en vieillissant une belle teinte dorée ; ils sont très agréables, très légers et très délicats.

« Nous avons ainsi passé rapidement en revue ces vignobles glorieux de la Bourgogne, qui forment une gamme parfaite de grands vins incomparables, de grands ordinaires et d'ordinaires aux qualités précieuses. Ajoutons les eaux-de-vie d'un incomparable arome obtenues par la distillation des marcs de Bourgogne. La perfection des produits des vignes bourguignonnes tiennent d'abord et surtout à la constitution parfaite du sol généreux de cette belle région de la France, aussi aux soins culturaux vraiment minutieux qu'explique l'ardent amour du vigneron bourguignon pour sa vigne. A ce sujet, mentionnons une pratique qui donne les meilleurs résultats : c'est celle du vigneronnage ; c'est tout simplement une association du capital et du travail : le propriétaire fournit son sol et le vigneron sa main-d'œuvre, et, au moment de la récolte, on partage purement et simplement le bénéfice. On comprend aisément combien ce système accroît heureusement l'attachement des paysans à leurs terres ; aussi n'est-il pas rare de voir en Bourgogne, et dans le Beaujolais surtout, des familles de vignerons se consacrant depuis de lointaines générations à la culture des mêmes vignobles.

« La valeur des différents vignobles tient aussi à deux éléments de très grande importance : l'exposition et le cépage. Pour les vins blancs, les cépages usités en Bourgogne sont par ordre décroissant le Chardonnet, l'Aligoté et le Melon. Les deux grands cépages rivaux pour les vins rouges sont le Pinot et le Gamay ; le premier donne la qualité, mais une quantité des plus restreintes, tandis que le second fournit une grande abondance, mais en qualité inférieure. La lutte a été chaude autrefois entre les Pinots et les Gamays ; aujourd'hui, les deux cépages existent parallèlement et, à vrai dire, remplissent l'un et l'autre un rôle différent, mais également utile. Grâce à eux, la Bourgogne a la double gloire de pouvoir offrir aux tables aristocratiques de grands vins exquis et de fournir aussi en quantité abondante des vins plus populaires certes, mais qui constituent une boisson excellente, agréable et fortifiante. »

Nos vignobles de l'Est ne produisent, en général, que des vins rouges légers, consommés dans le pays même. On y trouve cependant des vins blancs qui ne manquent pas de finesse. La Meurthe-et-Moselle a les vins rouges du Toulois qui sont bien notés, mais ils n'ont qu'une petite couleur.

Le Jura a pourtant ses vins d'Arbois et des environs qui ont du corps, de la finesse et un bouquet agréable. La couleur des produits de Salins est légère, mais ils sont assez délicats. L'arrondissement de Besançon donne des vins ayant une jolie couleur.

L'Aisne a ses meilleurs vins dans l'arrondissement de Laon, ils ont une certaine délicatesse; du côté de Château-Thierry, on trouve des produits rouges de faible qualité, mais parfois de goût assez agréable.

Les récompenses décernées dans la troisième région ont été les suivantes :

Grands prix.

CHAMBRE SYNDICALE DES NÉGOCIANTS EN VINS ET SPIRITUEUX DE MACON.

En participation :

BARRAT-FOULON, Prissé.
BÉRANGER-PAQUIER, Pouilly.
BERNARDET (Joseph), Viré.
BERDARDET (Prosper), Viré.
BOIS (Philippe), Pouilly.
COLLIN ET BOURRISSET, Crèches.
COLLIN (Léon), Paris.
CROZET, Romanèche.
DEJOUX, Pouilly.
DUBOST, Mâcon.
DUTHEIL, Charnay.
FAYE, Mâcon.
FERRET PÈRE ET FILS, Péronne.
FICHET (Claude), Viré.
GAILLARDON (Veuve), Pouilly.
GENAIRON, Saint-Romain.
GONDARD FILS, Mâcon.
JANDARD, Romanèche.
LANEYRIE PÈRE ET FILS, Pontanevaux.
LAPALUS, La Croix-Blanche.
LAPIERRE, Romanèche.
LEMONON (Mme), Crèches.
LORIN, Charnay.
LORON (Eug.), Pontanevaux.
MICOLLIER, Péronne.
MONTAIGU (de), Odenas.

Morat (Docteur), Lyon.
Murard (de), Bresse-sur-Grosne.
Poidebard, Regnie.
Protat (G.), Mâcon.
Silvestre, Chenas.
Simorre, La Chapelle-de-Guinchay.
Thomachot, Prissé.
Trouilloux, Chanes.
Virey, Monceau-Prissé.

Chambre syndicale du commerce des vins en gros de Villefranche-sur-Saone.
Chanson père et fils, Beaune.
Comice agricole et viticole de Gevrey-Chambertin.
Comice agricole et viticole de Nuits-Saint-Georges.
Comité d'agriculture de Beaune et de viticulture de la Cote-d'Or.

En participation :

Angerville (Marquis d'), Pommard.
Bardollet-Guéneau (Félix), Santenay.
Berrod (Alexandre), Beaune.
Belin (Paul), Monthelie.
Billet-Petitjean (Jules), Beaune.
Blic (H. de), Pommard.
Bouchard père et fils, Beaune.
Grivault (Louis-Albert), Meursault.
Grivot (Louis), Chassagne-Montrachet.
Guinaumont (R. de), Cissey.
Hospices de Beaune.
Jolliot (Alfred), Bouze.
Josserand (Louis), Beaune.
Marey-Monge (Mlle), Pommard.
Matrot frères, Evelle.
Michalet (Henry), Beaune.
Moingeon-Guéneau, Nuits-Saint-Georges.
Montoy (L.-A.), Beaune.
Moyne-Jacqueminot, Savigny-lès-Beaune.
Naudin (Louis), Saint-Aubin.
Poisot (Louis), Beaune.
Ponnelle (Pierre), Beaune.

Rougé (Paul), Beaune.
Sambuy (Comte de), Broye, par Autun.
Sevrange-Germain, Corpeau.
Tricaud (Mme de), Beaune.

Commune de Romanèche-Thorins.

En participation :

Alquié, Angoulême.
Bellicard, Romanèche-Thorins.
Boisson, Romanèche-Thorins.
Bonnaure (Paul), Lyon.
Bernard-Cottet, Les Thorins.
Caffin (Charles), Saint-Symphorien-d'Ancelles.
Chamonard (J.-B.), Romanèche-Thorins.
Delore (Docteur), Romanèche-Thorins.
Dailloux (A.), Belleville-sur-Saône.
Dufêtre (A.), Pontanevaux.
Foillard-Morel, Romanèche-Thorins.
Foillard (Claudius), Romanèche-Thorins.
Foillard (A.), Romanèche-Thorins.
Farget (Cl.), Les Thorins.
Frasson et Laneyrie, Romanèche-Thorins.
Guillon (P.-F.), Romanèche-Thorins.
Jandard (Alph.), Romanèche-Thorins.
Latour (Etienne), Romanèche-Thorins.
Loron (Auguste), Romanèche-Thorins.
Loron (Joannès), Charenton.
Malgontier, Pontanevaux.
Moura (Jules), Moulin-à-Vent.
Mullin, Lyon.
Philibert (Benoît), Paris.
Pondevaux (J.), Lyon.
Piron (Alexis), Tarare.
Ruet (Cl.), Moulin-à-Vent.
Sauzet (Paul), Lyon.
Sornay (Claude), Milly-Lamartine.
Tagent (Docteur H.), Romanèche-Thorins.
Thy de Milly (Comtesse), Berzé-le-Châtel.

Coste (Ferd.), Chenot (L.), Sordet (Et.), Pommard.
Folliot (Jules), Chablis.

Folliot (Paul), Chablis.
Guichard-Potheret et fils, Chalon-sur-Saône.
Imbault-Deschamps, Pommard.
Latour (Louis), Beaune.
Ligeret, Nuits-Saint-Georges.
Maldant (A.), Chenôve-Ermitage.
Martini-Rosé, Beaune.
Matrot frères, Evelle.
Moreau, Chablis.
Moreau-Dumas, Belleville-sur-Saône.
Pinson-Lamarre, Chablis.
Pommier frères, Villefranche-sur-Saône.
Protat, Pouilly.
Rougé (Paul), Beaune.

Syndicat du Commerce en gros des vins et spiritueux de l'arrondissement de Beaune.

En participation :

Beaudet frères, Beaune.
Bichot (A-C.), Meursault.
Bouchard aîné et fils, Beaune.
Brenot (Albert), Savigny-lès-Beaune.
Chanson père et fils, Beaune.
Duluc et Cie (A.), Meursault.
Dumoulin aîné, Savigny-lès-Beaune.
Dupont et Dumatray, Beaune.
Giroud (Camille), Beaune.
Grapin (Paul), Meursault.
Guibert et fils, Ladoix-Serrigny
Jacqueminot (les fils de C.), Savigny-lès-Beaune.
Labouré-Gontard, Nuits-Saint-Georges.
Latour (Louis), Beaune.
Lefèvre et Rémondet, Savigny-lès-Beaune.
Martini-Rosé, Beaune.
Pavelot (Louis), Pernand.
Sénard (Jules), Aloxe.
Theuriet (Gustave), Beaune.
Viennot (Roger), Savigny-lès-Beaune.

Syndicat du Commerce en gros de la Côte-d'Or, Dijon.
Union agricole et viticole, Châlon-sur-Saône.

Diplômes d'honneur.

AMBAL (Veuve), Rully.
ANGERVILLE (Marquis d'), Volnay.
BERTHELON FRÈRES, Lyon.
BASSOT FILS (Thomas), Gevrey-Chambertin.
BESSON-PERRAULT, Rully.
BILLET-PETITJEAN, Beaune.
BOUCHARD AINÉ ET FILS, Beaune.
BRENOT (Albert), Savigny-lès-Beaune.
BUY (Joanny), Lyon.
CAMUZET, Vosne-Romanée.
CHAMBRE SYNDICALE DU COMMERCE EN GROS DES VINS, Lyon.
COLLIN ET BOURISSET, Crèches.
CROZET, Romanèche.
DE BARBUAT ET LE REFFAT, Pommard.
DE BLIC-HERVÉ, Pommard.
DESSALLE ET FILS, Belleville-sur-Saône.
DUPRÉ (C.), Auxerre.
FAYE, Mâcon.
GAILLARDON (V.), Pouilly.
GONNET (B.), Pommard.
GRAPIN (Paul), Meursault.
GRIVAULT (L.-A.), Meursault.
LANEYRIE PÈRE ET FILS, Pontanevaux.
LAPALUS, La Croix-Blanche.
LEFÈVRE ET RÉMONDET, Savigny-lès-Beaune.
LEMONON (Mme), Crèches.
LIGER-BELAIR ET FILS, Nuits-Saint-Georges.
LORON (Eug.), Pontanevaux.
MAREY-MONGE (Mlle), Pommard.
MOINGEON-ROPITEAU, Savigny-lès-Beaune.
MONTOY (L.-A.), Beaune.
PAQUIER-DESVIGNES, Saint-Lager.
PARENT-JOANNÈS, Pommard.
PETIOT, Le Bourgneuf.
PIC (Albert), Chablis.
PIC-BONNET, Chablis.
RÉGNIER, MOSER ET COLLETTE, Dijon.
RICARD (H. et L.), Pommard.

SAMBUY (Comte de), Chassagne.
SIMONNET-FEBVRE ET CIE, Chablis.

SOCIÉTÉ VIGNERONNE DE L'ARRONDISSEMENT DE BEAUNE.

En participation :

BOIVEAUX-LATOUR (Henri), Pernand.
GARRAUD FILS (L.), Beaune.
GAESLER-NOIRQT, Beaune.
GERBEAUT-BOUGENOT (Alphonse), Beaune.
JACQUELIN (Louis), Pommard.
JAVILLIEY-RABY (E.), Beaune.
LOISEAU (Adolphe), Beaune.
MALDANT (Charles), Savigny-lès-Beaune.
MALDANT (Louis), Savigny-lès-Beaune.
MOINGEON-ROPITEAU, Savigny-lès-Beaune.
MUSSY-DAUPHIN, Pommard.
PERDRIER (Louis), Beaune.
PODECHARD (Louis), Beaune.
RICARD (Henri-Louis), Pommard.
TAVERNIER (Prosper), Meursault.

STERNE (G.), Nancy.
SYNDICAT VITICOLE DE LA CÔTE DIJONNAISE, Dijon.
SYNDICAT DES VITICULTEURS DE POMMARD.

En participation :

BARBUAT (de) ET LE REFFAIT, Sainte-Sabine.
BILLARD-BILLARD (Veuve), Pommard.
BILLARD-LÉCHENAULT, Pommard
BOILLOT-GARNIER, Pommard.
COLLOT, Mâcon.
COSTE, CHENOT ET SORDET, Pommard.
GIRARDIN (Robert), Pommard.
GONNET, Pommard.
GUILLEMARD-VOILLOT, Pommard.
IMBAULT-DESCHAMPS, Meursault.
JACQUELIN (Louis), Pommard.
MICHELOT-DUFOUR FILS, Pommard.
MOINGEON-ROPITEAU, Pommard.
MUSSY-DAUPHIN, Pommard.
NAUDIN-BONNARDOT, Pommard.

Parent (Joannès), Pommard.
Perrot de la Breuille, Abbeville.
Popille (Georges), Pommard.
Rivot (J.-B.) fils, Pommard.
Rougé (Paul), Beaune.
Tartois-Arnoult, Pommard.
Tridon, Pommard.
Trioulaire-Micault, Beaune.
Tavernier (Prosper), Meursault.
Teil (Baron du), Charnay.
Theuriet (Gustave), Beaune.
Thomachot, Prissé.
Tournier (Francisque), Lyon.
Tricaud (Comte de), Beaune.
Vienot, Premaux.

Médailles d'or.

Auffray, Chablis.
Bardollet-Gueneau, Santenay.
Bartement (Eugène), Coulanges.
Barthold (Alphonse), Lagnieu.
Belin (Paul), Monthelie.
Belorgey (Edouard), Morey.
Bender, Odenas.
Berrod (Alexandre), Beaune.
Bichot (A.) et Cie, Meursault.
Billard-Lechenault, Pommard.
Boillot-Garnier, Pommard.
Boinet-Magnien, Gevrey-Chambertin.
Boiveau-Latour (H.), Pernand.
Bouhey-Allex, Dijon.
Caves syndicales, Dijon.
Chamon-Garnier, Chablis.
Chanron (Pierre), Lyon.
Couillaut (Camille), Epineuil.
Depagneux (Antoine), Villefranche-sur-Saône.
Droin-Joussot, Chablis.
Dufaitre, Villefranche-sur-Saône.
Duluc (A.) et Cie, Meursault.

Dumoulin aîné, Savigny-lès-Beaune.
Dupont (Joanny), Villefranche-sur-Saône.
Faively (Paul), Vosne-Romanée.
Fangeau, Villeurbanne.
Gaesler-Noirot, Beaune.
Garnier (Robert), Nuits-Saint-Georges.
Garraud fils (L.), Beaune.
Giroud (Camille), Beaune.
Gondard fils, Mâcon.
Gouroux (Henri), Gevrey-Chambertin.
Groffier-Léger, Vosne-Romanée.
Gros-Renaudot, Vosne-Romanée.
Guinaumont (Roger de), Cissey.
Hélie (Henri), Chablis.
Jacqueminot (les fils de), Savigny-lès-Beaune.
Jacquemont (Michel), Lyon.
Jambon, Mâcon.
Jandard, Romanèche.
Japiot, Dijon.
Jorrot (Paul), Chambolle-Musigny.
Lambert (Marius), Anse.
Lamblin (René), Fixin.
Laporte (Eugène), La Roche.
Lebègue-Lina, Nancy.
Lorin, Charnay.
Magnien-Fleurot, Gevrey-Chambertin.
Malbranche, Vosne-Romanée.
Mercier, F. La Bat ie, Montgascon.
Merme-Morizot, Morey.
Michelot-Dufour fils, Pommard.
Moingeon-Gueneau, Nuits-Saint-Georges.
Moingeon-Ropiteau, Pommard.
Moissenet (H.), Gevrey-Chambertin.
Mongeard-Confuron, Vosne-Romanée.
Moniotti-Dessalle, Villefranche-sur-Saône.
Montaigu, Odenas.
Monternier, Cercié.
Moyne-Jacqueminot, Savigny-lès-Beaune.
Murard (de), Bresse-sur-Grosne.
Naudin (Louis), Saint-Aubin.

PAVELOT (Louis), Pernand.
PERDRIER (Louis), Beaune.
PERNOT-GILLE, Dijon.
PERRET (François), Belleville-sur-Saône.
PERROT DE LA BREUILLE, Pommard.
REGNARD-HIROT, Chablis.
RENARD ET ZACHARIE, Lyon.
SALAVERT (Andéol), Bourg-Saint-Andéol.
SAVOT (Adolphe), Chenove.
SIMORRE, La Chapelle-de-Guinchay.
THÉNARD (Baron), Givry.
TRIOULAIRE-MICAULT, Pommard.
VIAL (Vincent), Belleville-sur-Saône.
VIENNOT (Roger), Savigny-lès-Beaune.
VIREY, Prissé.
YVERT (Comtesse), Rully.

Médailles d'argent.

BARRAT-FOULON, Prissé.
BATIAT, Lyon.
BÉRANGER-PAQUIER, Pouilly.
BILLARD-BILLARD (Veuve), Pommard.
BRESSON (A.), Vosne-Romanée.
CAMUS, Gevrey-Dijon.
CARBILLET (Louis), Epineuil.
CHAIGNET (J.), Auxerre.
CHERPÉ (Marius), Tain.
CHOQUENOT (Justin), Chablis.
CLERGET-DURAND, Chambolle-Musigny.
COLLOT (Aug.), Pommard.
COUPEROT (A.), Fleys.
COUPEROT (Paul), Fleys.
CRÉPEY (Veuve), Chablis.
DEBAIX FRÈRES, Coulanges.
DEJOUX, Pouilly.
DEMOLE (Paul), Fleurie.
DESPREZ (Emile), Coulanges.
DROUHIN FRÈRES, Gevrey-Chambertin.
DUPONT ET DUMATRAY, Beaune.

Fiché (Claude), Viré.
Fontagny (Veuve), Dijon.
Foulet (Paul), Gevrey-Chambertin.
Galland-Lécrivain, Vosne-Romanée.
Genairon, Saint-Romain.
Gilles-Boiteux, Vosne-Romanée.
Gillot, Gevrey-Chambertin.
Girard-Renaud, Nuits-Saint-Georges.
Grey (Veuve Etienne), Gevrey-Chambertin.
Grivelet (Em.), Vosne-Romanée.
Grivot (Louis), Chassagne.
Grivot-Renevey, Vosne-Romanée.
Grosjean (E.), Lancié.
Groupe de Malain, Malain.
Guillemot (A.), Couchey.
Guillermin (E.), Buxy.
Guinaut (G.), Fleury.
Hyve (Louis), Meursault.
Jacquelin (Louis), Pommard.
Janniard, Nuits-Saint-Georges.
Javalet (Veuve Paul), Auxerre.
Javelier-Laurin, Gevrey-Chambertin.
Javilley-Raby, Beaune.
Joliet (Henri), Fixin.
Jolliot (Alfred), Bouze.
Laboulay (Henri de), Buxy.
Lamarche-Confuron, Vosne-Romanée.
Lapierre, Romanèche.
Laporte- (J.), Epineuil.
Largé-Méras, Brouilly .
Laribe (Louis), Epineuil.
Loiseau (Adolphe), Beaune.
Magnien-Tisserandot, Gevrey-Chambertin.
Marguerite-Séguin (Joseph), Vougeot.
Mercier (Chermette), Lyon.
Mollevaux, Chablis.
Morat (Docteur), Dijon.
Naigeon-Chauveau, Gevrey.
Parisot-Stévignon, Chambolle-Musigny.
Payen (Jules), Epineuil.

Perron (J.-B.), Dijon.
Philippon (A.) fils, Gevrey.
Podechard (L.), Beaune.
Poidebard, Regnié.
Quillardet (Georges), Marsannay.
Reynard de Lagny (Baron), Gevrey.
Robin (J.), Villié-Morgon.
Roude (Docteur), Coulanges.
Saint-Charles-Fleury (de), Saint-Etienne-la-Varenne.
Seguin-Detain (J.), Chambolle.
Silvestre, Chénas.
Simpée (Albert), Val-de-Mercy.
Tartois-Arnoux, Pommard.
Tisserandot (Edouard), Gevrey-Chambertin.
Trapet (Nicolas), Chambolle-Musigny.
Trapet-Petit, Chambolle-Musigny.
Trouilloux, Chanes.
Vincent (A.), Auxerre.

Médailles de bronze.

Arnoux-Mouillon, Vosne-Romanée.
Baillet-Renon, Joigny.
Bernardet (Joseph), Viré.
Bernardet (Prosper), Viré.
Bizouard (Louis), Marsannay.
Boichard (Claude), Perrigny.
Bois (Philippe), Pouilly.
Bonnaire (Paul), Plombières-les-Dijon.
Bouvier (Lazare), Perrigny.
Broichot-Guillemard, Pommard.
Chamord-Perreau, Chambolle-Musigny.
Changenet-Groffier, Fixin.
Chevillon (Paul), Gevrey-Chambertin.
Clerget (Emile), Fixin.
Collin, Paris.
Confuron-Bornot, Vosne-Romanée.
Courreaux-Thévenot, Puligny.
Crusseret, Fixin.
De Saint-Andéol, Bellefond.

Desbarres et Gentil, Brienon.
Dubost, Mâcon.
Droin (Camille), Chablis.
Ferret frères et fils, Péronne.
Gerbeaut (Alphonse), Beaune.
Girardin (Robert), Pommard.
Guibert et fils, Ladoix-Serrigny.
Guillot et Cie, Dijon.
Hélie (Ferdinand), Chablis.
Jailloux-Merle, Rully.
Janet (François), Fixin.
Joliet (Philippe), Perrigny.
Jourdan et Cie, Dijon.
Jovignot-Camuzet, Fixin.
Lapostolet (Eugène), Perrigny.
Laribe (G.), Epineuil.
Laroze (F.), Gevrey-Chambertin.
Le Mire, Fixin.
Maignot (Auguste), Morey.
Mangematin, Cortiambles.
Micollier, Péronne.
Mussy-Dauphin, Pommard.
Naudin-Bonnardot, Pommard.
Nicolle (V.), Epineuil.
Regnier de Nuits, Nuits.
Rivot fils, Pommard.
Rouget (Auguste), Gémeaux.
Servange (Germain), Corpeau.
Ségault (Léon), Chambolle-Musigny.

Mentions honorables.

Albette (J.), Rouvray.
Bablot (G.), Toucy.
Bardoux (René), Mige.
Baroin-Monot, Bellefond.
Barroero, Bellefond.
Cambuzat-Roy, Auxerre.
Chapel (Victor), Gémeaux.
Coissieux (Veuve), Chablis.

De Gémeaux, Gémeaux.
Gauthiot (Albert), Couchey.
Grandjean-Paquier, Bellefond.
Guillemard-Voillot, Pommard.
Guillot (Victor),Grand-Montrouge.
Hérard (Jean), Mercurey.
Lavier (J.-B.), Gevrey-Chambertin.
Miallot (Basile), Perrigny.
Naudet, Chablis.
Perreau et fils, Tonnerre.
Petot (Jules), Bellefond.
Popille, Pommard.
Tranchans (Victor), Epineuil.
Tridon (A.), Tronchey.
Trognon, Chablis.

Au sujet des vins exposés dans cette section, voici une appréciation du Président du Groupe régional de la Bourgogne, M. Dumont, maire de Dijon, Président honoraire du Syndicat de Dijon et membre du jury.

A côté de nos meilleurs vins fins et demi-fins très goûtés et fort bien accueillis par nos collègues anglais membres du jury, nous avons eu à nous prononcer sur des vins blancs et rouges ordinaires provenant directement de la propriété.

Ces gamays ordinaires dont nous apprécions les qualités, nous, en Bourgogne, parce que notre palais y est fait, ne plaisent pas en Angleterre où on est habitué soit aux vins ordinaires de Bordeaux « le Claret », soit aux vins d'Australie épais et alcooliques, qui se sont introduits depuis quelques années chez nos voisins. Ajoutez à cela que certains de nos propriétaires qui ne sont pas négociants ignorent l'art, indispensable dans le commerce, qui consiste à savoir parer sa marchandise pour la rendre attrayante et vendable. Or, nombre de bouteilles venant de la propriété étaient ornées (!) d'une étiquette écrite à la main, et bouchées, qui le croirait, avec de petits vieux bouchons qui, naturellement, ne bouchaient pas ou bouchaient mal. D'où, nombre d'échantillons fermentés ou sentant le bouchon, qu'il fallait impitoyablement rejeter.

D'où on doit conclure qu'il faut laisser à chacun son métier ; c'est-à-dire que si quelques grands propriétaires de plants fins, au courant des procédés scientifiques nécessaires à l'heure actuelle pour soigner leurs produits et les accomoder au goût des pays où ils se proposent de les écouler, peuvent se permettre la vente directe, mieux vaut que les petits propriétaires qui ne sont pas outillés pour le faire, se dispensent d'expériences plutôt désastreuses pour le bon renom de la Bourgogne. Qu'ils vendent plutôt leur récolte au commerce, qui est l'intermédiaire indiqué et nécessaire pour donner à nos vins ordinaires le fond et la forme indispensables pour les faire admettre par la consommation étrangère, qui varie d'ailleurs de pays à pays.

Dans tous les cas, cette exposition a été très remarquée et on a vivement admiré son installation tant par ses vitrines que par ses cartes, ses tableaux et ses reproductions.

4me RÉGION

Bordelais — Gironde — Dordogne.

La *quatrième région* comprenait les vins du Bordelais (Gironde) et de la Dordogne. Disons de suite que ce dernier département n'avait rien exposé.

Le Bordelais qui, avec ses 142.000 hectares de vignes, récolte, bon an mal an, de 4 à 5 millions d'hectolitres de vins, offre une grande variété de produits, mais il est surtout renommé pour ses grands vins riches en sève, en bouquet et d'une finesse merveilleuse. Les premiers crus des vins rouges : châteaux Lafite, Latour, Margaux, en Médoc ; château Haut-Brion, au pays des Graves, possèdent une étoffe soyeuse et ample des plus remarquables ; ils ont une souplesse et en même temps une générosité qui donnent à la bouche une sensation exquise. Les seconds crus ont moins de plénitude, moins de cette large enveloppe qui caractérise les premiers, mais ils en approchent de très près, peut-être même quelques-uns les atteignent-ils certaines années. Nommons les Mouton-Rothschild, les Léoville-Barton, les Durfort, les Brane-Cantenac, les Lascombes, les Rauzan-Ségla, les Cos d'Estournel, les Gruaud-Larose-Faure, les Ducru-Beaucaillou, les Pichon-Longueville, les Léoville-Poyferré, les Léoville-Las-Cases, les Pichon-Longueville-Lalande, les Rauzan-Gassies, les Gruaud-Larose-Sarget, les Montrose, etc.

Dans les troisièmes crus, citons les châteaux d'Issan, Kirwan, Langoa, les Malescot-Saint-Exupéry, les châteaux Lagrange, Giscours, Malescot, Brown-Cantenac, Palmer, La Lagune, etc. Dans les quatrièmes : les Duhart-Milon, les Beychevelle, les Branaire-Ducru, Latour-Canet, Saint-Pierre-Bontemps, Duhart-Milon, etc. Dans les cinquièmes : les Lynch-Bages, les Pontet-Canet, les Mouton d'Armailhacq, Cantemerle, Batailley, les Cos-Labory, etc. Parmi ces vins, il y en a encore beaucoup qui peuvent supporter la comparaison avec les crus placés avant eux.

Viennent ensuite tous les vins du Médoc non classés, pour la plupart produits par les communes de Margaux, Pauillac, Cantenac, Saint-Estèphe, Saint-Julien, Saint-Laurent, Ludon, Macau, Saint-Sauveur, Soussans, Cussac, etc. Le Médoc jouit d'une réputation méritée ; possédant des terres très favorablement situées pour la culture de la vigne, il fournit des vins qui ont une belle couleur, du moelleux ; leur bouquet et leur sève sont bien développés. Certes, ils ne se valent pas tous, aussi les distingue-t-on en « Bons Bourgeois » ou « Bourgeois supérieurs », « Bourgeois ordinaires », « Artisans » et « Paysans », mais ils ont tous un air de famille.

Les vins rouges des Graves ont du corps, une belle couleur, de la finesse et de la sève ; mais ils n'ont pas un bouquet aussi prononcé que ceux du Médoc, ils ont néanmoins du moelleux et une bonne fermeté.

Notons encore les vins de Saint-Emilion et de Pomerol, parmi lesquels on rencontre des crus très estimés, ceux de Fronsac ; puis les vins du Bourgeais, quelques-uns de ces derniers, assez colorés et corsés, se rapprochant des Saint-Emilion ; et ceux du Blayais qui ont de la souplesse et sont plus vite prêts à boire. Viennent après les vins de Côtes et de Palus. Les coteaux qui bordent la Garonne récoltent encore de bons vins ordinaires, d'une jolie couleur et suffisamment solides.

Les meilleurs vins blancs du Bordelais sont produits par le Sauternais qui comprend les communes de Sauternes, Bommes, Barsac, Preignac, Saint-Pierre-de-Mons, Fargues. Tous ces vins proviennent du sémillon et du sauvignon. C'est là que se trouve le Château-Yquem, ce nectar sans rival : doré, fin, délicat, liquoreux, savoureux et très parfumé, il résume en lui toutes les qualités. Les produits de ces vignobles ont du moelleux, de l'élégance, un parfum et une sève véritablement remarquables.

A côté de ces superbes vins, le vignoble blanc bordelais en produit de moindre qualité : ceux des Graves, fort agréables aussi, mais ayant moins de sève ; enfin il fournit les Benauges, les Entre-deux-Mers très employés pour les coupages.

L'exposition de ces vins délicats et toujours si appréciés des Anglais a obtenu à Londres le plus grand succès. Il est vrai que la Gironde avait fait tout le nécessaire pour réunir une des plus complètes collections de ses incomparables produits. Elle avait pensé qu'il fallait faire grand pour prouver que, grâce au travail et à l'intelligence des viticulteurs girondins et aussi à la science

Exposition des Vins du Bordelais.

œnologique des négociants du Bordelais, ses vins étaient sinon meilleurs au moins aussi bons que ceux qui, autrefois, avaient fait la légitime réputation des délicieux « clarets ».

Grâce aux efforts du Comité bordelais, à la tête duquel était M. Daniel Guestier, la participation girondine a été des plus importantes, et la viticulture ét le commerce de cette région ne peuvent que se féliciter du succès obtenu.

M. Alfred Schyler, rapporteur de la section du Bordelais, dans une note qu'il nous a adressée sur cette partie de l'Exposition, écrit :

« Le succès fut aussi grand qu'il était permis de l'espérer, et au jour de l'ouverture on comptait 460 exposants dans le salon des vins de la Gironde.

« Nos deux Syndicats du Commerce : l'Union syndicale des vins de Bordeaux et le Syndicat du commerce en gros des vins et spiritueux de la Gironde comptaient 50 exposants.

« Les grands Syndicats de la propriété présentaient : le Syndicat des grands crus classés du Médoc, 53 exposants, le Syndicat des Graves 60, le Syndicat de Saint-Émilion 30 et le Syndicat viticole du pays de Sauternes 30.

« Le Syndicat des propriétaires des grands vins blancs de Sainte-Croix-du-Mont, le Syndicat régional agricole de Cadillac-Podensac et cantons limitrophes, le Comice viticole et agricole de Cadillac et le Syndicat des vignerons de Loupiac présentaient ensemble 95 exposants.

« Exposants individuels et exposants collectifs avaient aménagé, avec le plus grand goût, leurs expositions décorées de toiles et peintures représentant les vues des grands châteaux de la Gironde et des scènes de vendanges.

« Les collections présentées au Jury étaient des plus complètes, et donnaient une idée très nette de l'extrême variété de la production des vins en Gironde.

« Les exposants se composaient, en majeure partie, de collectivités, de négociants ou de propriétaires concourant à la fois pour une récompense collective et chacun en particulier pour une récompense individuelle.

« Les expositions les plus remarquées furent celles des deux syndicats de commerce : l'Union syndicale des négociants en vins de Bordeaux et le Syndicat du Commerce en gros des vins et spiritueux de la Gironde.

« Les négociants présentaient à la fois les collections de grands vins qu'ils ont chaque année l'habitude d'acheter et aussi les vins qu'ils élèvent et choisissent pour être vendus sous leurs marques commerciales. Les uns comme les autres ont retenu favorablement l'attention du Jury.

« Les expositions qui furent ensuite les plus remarquées sont celles du Syndicat des grands crus classés du Médoc, qui offrait des vins absolument incomparables, puis le Syndicat des Graves, qui présentait des collections admirables de vins rouges et blancs,

« Le Syndicat du pays de Sauternes offrait Château-Yquem et tous les grands vins blancs liquoreux.

« Le Syndicat de Saint-Émilion, malheureusement trop peu représenté, montrait des vins tout à fait remarquables.

« Les autres échantillons montrèrent que dans toutes les parties de la Gironde se récoltent des vins de qualité plus ou moins parfaite, mais que tous sont intéressants et dignes d'être recherchés.

« Les membres du Jury, frappés du choix et des remarquables qualités des vins exposés, ont tenu à mentionner sur le procès-verbal de leurs opérations, que ces vins possédaient plus que jamais la délicatesse et la distinction qui les rendirent justement célèbres. »

Origine du Commerce Bordelais. — Au sujet de l'origine et de l'extension du commerce des vins de Bordeaux, il ne manquera pas d'intérêt de rappeler ici une leçon-conférence faite à Bordeaux même le 8 novembre 1859 par le professeur d'agriculture de la Gironde, alors Auguste Petit-Laffitte. Le distingué professeur avait dit à cette époque :

Les grandes cités, celles dont la fondation, le développement, les succès ou les revers se lient intimement à l'histoire des peuples, ne peuvent être considérées comme la conséquence d'événements purement fortuits, ni des causes capables d'amener, suivant les circonstances, des résultats tout à fait différents. Au contraire, il en est des villes comme des individus ; elles sont, en naissant, pourvues d'idées et de tendances spéciales qu'elles empruntent au motif de leur première origine, au lieu où elles sont assises, au voisinage qui les entoure, aux époques dont elles sont contemporaines.

Sans nous inquiéter du moment précis de la fondation de Bordeaux, nous devons exprimer une vérité également démontrée par les recherches de la science et la longue histoire de la cité : Bordeaux doit son origine au commerce et à la navigation. Dès le principe, les habitants se consacrèrent à ce double genre d'occupation, dans lequel, depuis, ils n'ont cessé de persister

A toutes les époques de nos annales, cette vérité est également constante, parce que la mission providentielle d'une ville s'accomplit comme celle d'un individu. Seulement, cette mission ne s'est pas toujours manifestée de la même manière : les objets de notre commerce, la nature de nos relations, les moyens d'action ont nécessairement varié avec le temps.

Mais il nous sera facile de prouver cette double vérité : Bordeaux a toujours fait le commerce ; ce commerce s'est successivement transformé. Cependant, le produit de la vigne en a été depuis fort longtemps, et de plus en plus, la base principale.

Avec un grand nombre d'historiens, nous admettrons que la fondation de Bordeaux a été, de beaucoup peut-être, antérieure à la conquête de la Gaule par Jules César, bien que ce grand capitaine, qui a parlé de Toulouse (*Tolosa*), de Cahors (*Divona* ou *Cadurci*), d'Agen (*Aginnum*), etc., n'ait rien dit de Bordeaux (*Burdigala*).

Strabon écrivait sous Auguste, environ vers l'an 25 de Jésus-Christ, moins d'un siècle après la conquête des Gaules par Jules César, et nous trouvons dans le livre IV de sa géographie le passage suivant :

« La Garonne, après s'être grossie de trois autres rivières, va se jeter dans l'Océan, entre le pays des Bituriges et celui des Santones, deux peuples gaulois d'origine. Les Bituriges sont le seul peuple étranger qui habite parmi les Aquitains sans en faire partie. Sa place de commerce est Burdigala, ville située sur une espèce d'anse formée par la Garonne. »

Si donc, à cette époque, Bordeaux était un rendez-vous de commerce connu et renommé, il avait fallu de longues années pour établir cette réputation, et déjà il comptait une tradition respectable.

Pour diriger vers la Méditerranée les marchandises accumulées dans les entrepôts de Burdigala, il ne s'agissait, pour nos ancêtres, que de profiter de la parfaite correspondance qui régnait entre les divers cantons de leur beau pays par les fleuves qui l'arrosaient et les deux mers dans lesquelles ces derniers se déchargeaient.

La Garonne recevait tous les articles que, déjà, elle avait concouru à transporter des lieux de production, et les conduisait directement à Toulouse. De là, et par voie de terre, on les dirigeait vers l'Aude, au point le plus prochain, où cette rivière, beaucoup plus abondante alors, devenait navigable. L'Aude achevait d'assurer les communications avec la Méditerranée et avec la ville qu'il s'agissait d'atteindre : Narbonne, Arles, Marseille.

Longtemps, sans doute, et pendant les nombreuses années qu'exigèrent la civilisation de l'Aquitaine, le défrichement, l'assainissement et la mise en culture de ces terres, Bordeaux dut se contenter du commerce de transit, cause première de sa fondation. Longtemps, il ne put lui être possible d'ajouter à ce commerce des denrées tirées de son propre fonds, et destinées, plus tard, à lui garantir une indépendance, une durée que nul changement, nulle révolution économique ou politique ne sauraient plus ébranler.

Mais la marche des siècles et cette double loi qui assujettit les hommes à consommer et à produire toujours davantage, lui créèrent peu à peu des ressources nouvelles. Favorisée par les modifications que le climat devait à d'heureux défrichements, l'agriculture fit des progrès et obtint des denrées nouvelles. Eclairée par d'utiles enseignements, secondée par de précieuses ressources locales, excitée enfin par de fructueuses tentatives, l'industrie put aussi arriver avec le temps à créer des articles d'exportation, la plupart d'une haute valeur et d'un usage général.

Le vin formait, dès le temps d'Ausone, un des articles importants du commerce bordelais ; le poète parle de cette production locale d'une manière trop claire et trop précise pour qu'il puisse y avoir aucun doute à cet égard. Il présente ce produit comme étant déjà en possession d'une réputation méritée, et montre que cette réputation a pénétré jusqu'à Rome et concourt à celle de son pays.

D'ailleurs, à cette époque, c'est-à-dire au quatrième siècle de notre ère, les principes et les pratiques agricoles importés par les Romains avaient eu le temps de se répandre. Des modifications profondes, survenues dans le climat, par suite des défrichements et d'autres travaux analogues, avaient permis à la vigne, encore cantonnée dans la Gaule narbonnaise, au temps de Strabon, c'est-à-dire sous Auguste, de franchir ces limites et de s'avancer vers la partie de l'Aquitaine que baigne l'Océan, là où le terrain était pour la plupart maigre et sablonneux et ne produisait guère que du millet.

Une découverte qu'il importe de signaler ici, parce qu'elle dut exercer une immense influence sur le commerce du vin, et parce qu'elle appartient aux Gaulois, de l'avis de tous les auteurs anciens qui l'ont mentionnée, c'est celle des tonneaux.

Le vin gagna sous tous les rapports à être logé de la sorte. Délivré des amphores, qui n'en permettaient pas le transport ; délivré des outres, qui lui communiquaient souvent des odeurs les plus nauséabondes, il put, grâce à cette invention heureuse et féconde, devenir définitivement pour l'agriculture le but d'une production capitale ; pour le commerce, l'objet des transactions les plus actives et les plus lointaines ; pour la civilisation, l'occasion des relations qui la propagent et la font rayonner partout.

Il serait bien difficile, sans doute, d'assigner d'une manière précise la part revenant aux fondateurs de Bordeaux et à ses premiers habitants dans les faits que nous venons d'énumérer. Toujours est-il que le commerce fut leur mobile principal ; que tout, dans le lieu où ils se fixèrent, se trouva favorable à leurs projets ; que les progrès de la contrée en civilisation, en agriculture, en industrie, en assurèrent de plus en plus l'accomplissement ; et qu'enfin il surgit une denrée si bien dans la nature du pays et dans le genre de ses habitants qu'elle arriva, par la suite des temps, à être, pour eux, un véritable monopole et à donner à leur commerce une solidité et une étendue dont on n'avait pas encore vu d'exemples.

Au moyen âge, deux faits capitaux s'étaient développés et avaient agi en faveur du commerce de Bordeaux. D'une part, l'agriculture, sous l'influence des causes générales qui poussent à l'extension, au perfectionnement et à la spécialisation de cet art dans toutes les sociétés policées, avait acquis une grande importance dans le vaste bassin de la Garonne. La vigne, particulièrement, s'y était répandue, avait excité l'intérêt des habitants du pays, sollicité leur vive et féconde intelligence.

Les quantités de vins obtenues s'étaient beaucoup accrues, et beaucoup de ces vins avaient acquis de légitimes réputations. D'une autre part, les produits des pêches avaient fourni au commerce de nouvelles denrées à faire circuler et à transporter sur une infinité de points.

Comme cela avait eu lieu jusqu'à ce moment pour tout ce qui venait de l'Océan et par la Gironde et se dirigeait vers l'intérieur de la France, Bordeaux avait dû, naturellement, se trouver le grand entrepôt de ces denrées, ce qui lui donnait la double faculté de les échanger une première fois contre des vins avec les contrées d'où elles venaient, et de les échanger une seconde fois contre un grand nombre d'articles très recherchés avec les contrées où elles allaient.

Ce nouveau commerce, qui avait pour objet le produit des pêches, occupa longtemps à Bordeaux le premier rang. Celui du vin s'y maintenait toujours, il grandissait également ; mais le temps n'était pas venu où il devait dominer tous les autres. Il fallait, pour cela, que l'agriculture ajoutât à ses progrès, que la civilisation s'étendît, que les voies de communication devinssent plus multipliées, toutes circonstances qui ne peuvent être que le produit du temps, l'œuvre des générations.

Comme faits généraux ayant agi sur le commerce de Bordeaux dans cette longue période, nous devons citer les Croisades, du XIe au XIIIe siècle. Par suite de ces grandes expéditions, « des relations de commerce s'établirent avec la mer Caspienne, la Chine, l'Egypte, par les républiques d'Italie ; des navigations étendues se firent sur la Méditerranée, par Barcelone, et sur l'Océan, par les ports de Bordeaux et de l'Aquitaine. Ce fut le beau commerce des siècles, avant celui auquel donnèrent naissance les colonies d'Amérique ».

Nous devons citer aussi l'établissement, au douzième siècle, de la grande association des villes commerciales du Nord : Hambourg, Lübeck, Brême, etc., sous le nom de *Ligue hanséatique*. Cette association, destinée à protéger par la force les relations que l'état des mers rendait peu sûres, se propagea rapidement jusque dans les ports de l'Océan et de la Méditerranée ; un moment, elle compta quatre-vingt-seize villes, et Bordeaux fut de ce nombre en qualité de ville alliée.

L'opportunité d'une juridiction spéciale pour le commerce avait dû se faire sentir à Bordeaux ; on avait dû comprendre la double nécessité, dans une ville fréquentée par un grand nombre de marchands étrangers, d'abord d'expédier promptement les procès, et, en second lieu, d'en réserver la connaissance à un tribunal uniquement affecté aux contestations que font surgir les affaires de négoce.

Le monument le plus propre à faire comprendre l'importance croissante du commerce bordelais, c'est le recueil des lois maritimes qu'on nomme *Rôles d'Oléron*, et qu'Eléonore, fille du dernier duc d'Aquitaine, Guillaume IX, et successivement épouse de Louis le Jeune, roi de France, et de Henri II, roi d'Angleterre, fit rédiger.

Les *Rôles d'Oléron*, ainsi appelés du nom de l'île où ils furent rédigés, s'occupent souvent des deux grandes branches de commerce de Bordeaux à cette époque : le vin et le produit des pêches. Le premier de ces articles même était alors d'un transport tellement habituel qu'il semble que les navires n'avaient pas d'autre motif de déplacement.

Incontestablement, c'est sous la domination anglaise, au temps où l'Aquitaine se trouva comprise dans les possessions d'outre-Manche du souverain de l'Angleterre, que le commerce du vin prit à Bordeaux un développement qu'il n'avait pas eu jusque-là et qui ne devait cesser de s'accroître. Il se rencontra alors ce fait bien rare dans l'histoire des peuples, que nulle considération politique ne s'opposa aux relations et aux échanges d'une province du Midi avec des provinces du Nord, d'une province du Midi favorisée par la production d'une denrée que celles du Nord recherchent avec empressement, et auxquelles même elle est indispensable.

Bien des siècles après, et alors que l'Aquitaine était redevenue et pour toujours une des plus belles portions de la France, un géographe, Belleforêt, expliquait ainsi l'espèce d'assujettissement naturel qui avait dû exister, dès les temps les plus reculés, entre la France méridionale et l'Angleterre : « La terre anglaise ne produit pas de vin, quoiqu'elle nourrisse quelques vignes qui bourgeonnent, fleurissent et montrent leurs fruits, lesquels ne peuvent parvenir à leur maturité ; mais, pour ce défaut, les Anglais s'aident de la cervoise et des vins étrangers qui servent à leur échauffer la tête, et surtout des vins gascons que, tous les ans, ils vont chercher à Bordeaux et lieux circonvoisins, ainsi que souvent j'ai vu à ce chargement grand nombre de navires. »

L'Aquitaine, sous la domination anglaise, connut bien des maux ; bien des guerres générales et particulières l'affligèrent ; elle connut des famines et des pestes tellement intenses qu'on ne pouvait, dit le chroniqueur, « trouver vendangeurs ». Elle eut à subir les exigences fiscales d'un pouvoir éloigné et soupçonneux. Et cependant, cette époque fut véritablement brillante pour le commerce de Bordeaux, pour le grand mouvement de ses vins, pour le transport régulier de cette denrée en Angleterre et dans toutes les autres contrées du Nord, habituées depuis lors à s'en approvisionner.

C'est ce contraste, ces exigences d'une part, cette longanimité de l'autre, qui faisaient dire à Mathieu Paris, peu disposé à tenir compte aux Bordelais de leur attachement à Eléonore et à ses successeurs, que si les Anglais n'eussent pas été aux Gascons d'un grand secours pour la défaite de leur vin, les habitants de cette province se seraient infailliblement révoltés contre leurs oppresseurs.

Alors la culture dominante du pays, la source féconde de son commerce et de sa prospérité, était l'objet de règlements protecteurs, témoin ce passage de celui promulgué par Richard Ier, Cœur de Lion : « Quiconque entrera dans la vigne d'autruy et y prendra une grappe de raisin payera cinq sols ou perdra une oreille ».

Des flottes entières étaient alors armées pour « aller au vin » dans le port de Bordeaux et dans celui de la Rochelle. Le gouvernement anglais n'hésitait pas, si l'on était en guerre, si la mer n'était pas sûre, à les faire accompagner par des navires de la marine militaire. Alors, les marchands de Bordeaux, pourvus d'entrepôts à Londres, ne craignaient pas de lutter énergiquement contre les prétentions de leurs concurrents dans cette grande ville, et, plus d'une fois, on les vit faire admettre par le pouvoir leurs légitimes réclamations. De nombreux règlements, dont le plus ancien porte la date de 1154, première année du règne de Henri II, furent promulgués en faveur de ce commerce, le plus vaste et le plus actif de l'époque. De Bréquigni assure effectivement que, pendant la durée de la domination anglaise, il sortait annuellement de Bordeaux, pour ce pays, 141 navires emportant 13,429 tonneaux.

C'est à l'histoire à raconter les événements nombreux et divers du séjour des Anglais en Aquitaine et de leur éloignement ; à faire connaître comment Charles VII parvint à délivrer la France de leur présence, et comment, à la suite d'une conjuration qui les ramena momentanément à Bordeaux, ce monarque, justement irrité, châtia cruellement la ville et prit des mesures en vue de la sûreté et de l'intégrité de son royaume.

« Puis ce temps, dit un des organes de cette histoire, dans la localité, les Anglais venant à Bordeaux pour le fait du commerce étaient tenus de s'arrêter à l'entrée de la rivière de Garonne, à l'endroit de Soulac, jusqu'à ce qu'ils eussent sauf-conduit pour venir à Bordeaux ; et, ce fait, après avoir laissé leur artillerie et munitions de guerre à Blaye, arrivaient librement à Bordeaux, où, toutefois, ils ne pouvaient loger qu'aux logis qui leur étaient baillés par le fourrier de la ville. Et lorsqu'ils allaient en Graves ou ailleurs acheter des vins, devaient être accompagnés des archers de la ville. »

La cessation définitive du régime particulier créé à la Guyenne par le mariage d'Eléonore, les mesures de rigueur qu'eurent alors à supporter les Bordelais, tout cela apprécié au seul point de vue du commerce, donna lieu, de part et d'autre, à de grandes pertes et à de cruelles souffrances. « Alors, dit un de nos historiens, il sortit un si grand nombre d'habitants de Bordeaux pour se retirer en Angleterre que cette ville devint comme une de ces anciennes cités qui avait été en règne autrefois avec splendeur, mais qui n'étaient plus rien. »

Dès l'année qui suivit celle du second traité de la reddition de Bordeaux (1453), Charles VII se relâcha beaucoup des conditions rigoureuses qu'il imposait aux Bordelais. Louis XI continua l'œuvre commencée par son père et, dès 1464, la cité avait recouvré la totalité de ses privilèges.

En 1480, les Anglais n'étaient plus assujettis qu'à laisser leur artillerie et leurs munitions de guerre à Blaye, à payer un écu par navire, à ne pouvoir aller en Graves ni ailleurs avec bourgeois ou courtiers pour acheter des vins, sans se munir d'un congé des maires ou jurats ; enfin, à leur départ, à payer au comptable, outre les anciens droits, celui de la *branche de cyprès*, pour marque d'avoir été à Bordeaux (1).

Enfin, peu de temps avant sa mort, survenue en 1483, Louis XI, par lettres patentes du 6 septembre 1481, fait encore de Bordeaux l'entrepôt forcé d'un commerce qui pouvait être très étendu, en obligeant, sous peine de confiscation, les marchands des contrées voisines à faire passer leurs denrées par cette ville quand elles avaient pour destination l'Espagne, l'Angleterre, le Portugal, la Navarre, la Bretagne et la Flandre.

Tant de bonne volonté et de persistance portèrent enfin leur fruit. Les populations du Nord avaient connu les avantages de la denrée qu'élabore, dans quelques localités privilégiées, le soleil méridional ; l'intelligence, la sollicitude des habitants de ces localités avaient été excitées par ces heureux avantages, et leurs terres s'étaient prêtées à donner plus abondante et meilleure cette précieuse denrée. Les moyens de transport s'étaient perfectionnés, les relations internationales s'étaient multipliées et régularisées, et toutes ces causes ne pouvaient manquer d'imprimer au commerce de Bordeaux une activité toujours croissante et un très grand développement.

A l'appui des progrès du commerce du vin à Bordeaux, nous citerons la fondation et le développement du plus considérable, du plus riche, du plus gracieux et du plus *vineux* de ses faubourgs, du faubourg des *Chartrons*.

A la fin du xve siècle, les chartreux de Vauclair, en Périgord, fuyant devant la guerre qui ravageait leur pays, se réfugièrent à Bordeaux. Un notaire de la ville, Pierre de Maderan, les accueillit et leur donna pour séjourner deux maisons et jardins situés au lieu dit *Andéloya*, au delà du château Trompette, entre la rivière et les marais. Les avantages du lieu pour la réception et l'expédition du vin, l'extension du commerce de cette denrée ayant multiplié autour d'eux des *chais* et leurs dépendances, ont vit bientôt se former un faubourg, le faubourg des Chartreux d'abord, plus tard des Chartrons.

Le faubourg des Chartrons resta longtemps une simple réunion de magasins et d'entrepôts pour la conservation des vins, et cela avec d'autant plus de raison que l'emplacement qu'il occupa d'abord n'était qu'une langue de terre fort étroite, resserrée d'un côté par la Garonne, de l'autre par les marais

Ce ne fut qu'à compter du xviie siècle qu'il commença à acquérir, comme lieu d'habitation, quelque importance, et que l'administration

---

(1) « Anciennement les pilotes des navires, pour montrer la gloire et victoire qu'ils croyaient avoir d'avoir été à Bordeaux, s'en retournant chargés de bons vins de Graves, qui se recueillent aux pays bordelais, ou autres marchandises, prenaient une branche de cyprès d'une forêt qui est proche de la mer, appelée le *Cypressat* ; et fut introduit un droit par honneur donné au Roy par ladite branche, lequel se lève encore aujourd'hui (1667) au bureau de la comtablie. » (Darnal, chronique bordelaise).

Le lieu de la forêt dont il s'agit porte encore le même nom que lui donne le chroniqueur, mais les vieux cyprès qui la formaient disparurent en 1709, tués par les froids mémorables de cette année.

bordelaise crut devoir favoriser son développement, d'abord en y établissant des médecins (3 nov. 1685), puis des boulangers (14 déc. 1694), deux professions également indispensables à l'existence et au bien-être d'une population nombreuse.

Comme il l'avait fait pour la ville de Bordeaux, M. de Tourny s'appliqua aussi à introduire des améliorations dans le faubourg des Chartrons. Il fit pratiquer de grands travaux d'assainissement dans les marais ; il fit ouvrir les cours Saint-André, Saint-Louis, le chemin du Roi, etc.

Comme les maisons qui bordent la rivière avaient été les premières bâties, et que, derrière ces maisons, il n'avait été possible d'abord d'établir que des chais, on s'était borné pour procurer une issue à ces chais et pour ménager le terrain, à pratiquer de simples arceaux qui existent encore en grande partie et qui donnent entrée à des rues formées depuis.

Ce que nous venons de dire du faubourg des Chartrons, nous pourrions le dire aussi de celui de Bacalan, qui, aujourd'hui encore, n'est en grande partie qu'une réunion de chais ou de celliers et autres établissements analogues et qui, même au temps de M. de Tourny, portait indifféremment les noms de Bacalan ou de *Vigne-Garonne.*

Ce n'est guère qu'au milieu du XVIIe siècle que Bordeaux prit une part active et directe au commerce de l'Inde et de l'Amérique.

A cette époque, la vieille et haute estime accordée au commerce de la saline tendait à diminuer, et les maisons qui armaient pour les Indes avaient des navires sur les *grandes mers* et des comptoirs dans le quartier du Chapeau-Rouge, gagnaient de plus en plus dans l'opinion publique. Louis XIV aida beaucoup à cette transformation en décrétant le 27 juin 1671, sur le rapport du grand Colbert, qu'il y aurait à Bordeaux une compagnie privilégiée, sous sa protection royale. « Sa Majesté permit à cette compagnie de se dire et nommer *Compagnie privilégiée des Négociants de Bordeaux,* et de distinguer ses vaisseaux par les armes de la ville qu'ils porteraient sur leur poupe et sur leur enseigne. »

Néanmoins, il fallait encore arriver au temps des grandes spéculations de Law, à l'activité et à la prospérité coloniale qui suivirent la chute de cet audacieux financier (1720) pour voir enfin Bordeaux entrer dans le grand commerce d'outre-mer, pour le voir armant des navires pour les deux Indes, et surtout exploitant presque exclusivement à ce point de vue la riche colonie de Saint-Domingue.

C'est alors, et presque au moment de la Révolution française, de l'insurrection et de la perte de Saint-Domingue, que Bordeaux eut un commerce florissant et que ce commerce agit d'une manière active et directe sur les produits de toute nature du vaste et riche bassin de la Garonne : le blé, le chanvre, les fruits secs, les matières résineuses, le vin surtout. Heureux de posséder déjà en cette dernière denrée les qualités propres au transport maritime et s'améliorant par ce transport, on vit l'agriculture s'efforcer de les multiplier encore, et c'est de ces époques de prospérité que date principalement l'envahissement par la vigne de ces terres alluvionnelles, riches et profondes, que l'on désigne sous le nom de *Palus.* C'est de là, surtout, que sortaient ce que l'on nommait alors les *vins de cargaison*, ces masses de liquide entonnées, capables de fournir aux plus gros vaisseaux le lest et l'encombrement qu'ils obtenaient en retour du sucre, du café, du coton, etc.

Ces années de prospérité furent aussi celles de la dernière et splendide transformation de notre ville. Ce fut alors, et sous la direction du célèbre intendant, M. de Tourny, qu'elle se régénéra, s'aligna et se garnit des édifices nombreux auxquels elle doit cet aspect monumental que n'offre à un aussi haut degré, après la capitale, aucune autre ville de France. Le célèbre agronome anglais Arthur Young, après s'y être arrêté quelques jours, en août 1787, écrivait : « Malgré tout ce que j'avais vu et entendu sur le commerce, les richesses et la magnificence de cette ville, elle surpassa de beaucoup mon attente. »

On voit par ces lignes quelle part importante les Anglais ont prise dans le développement du commerce de Bordeaux et on comprend pourquoi nous les voyons toujours si heureusement attachés à ses vins. Nous espérons qu'ils continueront longtemps encore à les apprécier comme il convient, pour leur bien et pour celui des viticulteurs et des négociants girondins.

Les récompenses décernées ont été les suivantes :

Grands prix.

De Marignan-Montbel, Château-Bel-Air (Saint-Emilion).
Dubois (Edouard), Château-Ausonne (Saint-Emilion).
Gaden (C.) et Klipsch, Bordeaux.
Johnston (N.) et fils, Bordeaux.
Lagarde (Georges), Sainte-Croix-du-Mont.
Pillet-Will (Comte), Margaux.
Rothschild (Barons Gustave, Edmond et Edouard de), Pauillac.
Rothschild (Baron Henry de), Pauillac.
Syndicat du Commerce en gros des vins et spiritueux de la Gironde.
Syndicat des Graves de Bordeaux.
Syndicat des grands crus classés du Médoc.
Syndicat des Propriétaires de grands vins blancs de Sainte-Croix-du-Mont.
Syndicat régional agricole de Cadillac-Podensac et cantons limitrophes.
Syndicat viticole et agricole de Saint-Emilion.
Syndicat des vins de Sauternes.
Union syndicale des Négociants en vins de Bordeaux.

Diplômes d'honneur.

ALIBERT (Marcel), Saint-Laurent.
ANDRIEU (Veuve), Sainte-Croix-du-Mont.
BALLADE (Bernard), Sainte-Croix-du-Mont.
BALLAN (Léon), Sainte-Croix-du-Mont.
BARTON (B.-H.-S.), Saint-Julien.
BARTON (B.-H.-S.), château Léoville, Saint-Julien.
BEAUMARTIN (G.), Léognan.
BELLOT DES MINIÈRES (Veuve), Léognan.
BERGER (Georges), Cantenac.
BOISSARD-ROCHEFORT, château Fonplégade, Saint-Emilion.
BOUFFARD (Ferdinand), château Pavie, Saint-Emilion.
CASTÉJA (Eugène), Pauillac.
CAHUZAC (M.), clos Fourtet, Saint-Emilion.
CAZEAUX-CAZALET, Cadillac.
CHAPERON, Le Cadet-Piola, Saint-Emilion.
CHARMOLUE (L.), Saint-Estèphe.
CINTO (Veuve), Pessac.
CLAUZEL (René), Avensan.
CLAVERIE (A.), Saint-Julien.
COLIN FILS, FRÈRES ET Cie (*Schrœder et de Constans*), Bordeaux.
COMICE VITICOLE ET AGRICOLE DE CADILLAC.
COMTESSE DE LALANDE, Pauillac.
CRUSE ET FILS FRÈRES, Bordeaux.
DELOR (A.) ET Cie, Bordeaux.
DE LUZE ET FILS, Bordeaux.
DUCARPE (L.), château Beauséjour, Saint-Emilion.
DUFFAU (Docteur), château Beauséjour, Saint-Emilion.
DUFOUR DE RAYMOND (Comte), Léognan.
DUTRÉNIT (J.) ET Cie, Bordeaux.
EXPOSITION COLLECTIVE DES VINS DE LA COMMUNE DE PAUILLAC.
GUIGNARD, château Canon, Saint-Emilion.
HANAPPIER ET Cie, Bordeaux.
JOURNU FRÈRES, KAPPELHOFF ET Cie, Bordeaux.
KRESSMANN (Ed.) ET Cie, Bordeaux.
LALANDE (A.) ET Cie, Bordeaux.
LAMBERT (Paulin), Sainte-Croix-du-Mont.
LARCHER (S.) PÈRE ET FILS JEUNE, Bordeaux.
LEBÈGUE (J.) ET Cie, Cantenac.

LERBS (J.-D.), Margaux.
LOPÈS-DIAS (J.), Bordeaux.
MARTIN-MURE ET BALLET, Léognan.
MAURIN (J. et B.), Bordeaux.
MONTBRON (Comte de), Loupiac.
MONTESQUIEU (Baronne Charles de), La Brède.
PARIS (E.) ET DAMAS, Bordeaux.
PICARD ET DEMARQUAIS, Sainte-Croix-du-Mont.
PICHON-LONGUEVILLE (Baron de), Pauillac.
RAPIN (François), Loupiac.
RICARD (Albert), Léognan.
RIGAUD (Mme veuve Esther), Margaux.
ROLLAND (Comte de), Sainte-Croix-du-Mont.
ROY (G.), Cantenac.
SARGET DE LAFONTAINE (Baronne), Saint-Julien.
SÈZE (L.), Ludon.
SOCIÉTÉ CIVILE GRUAU-LAROSE-FAURE-BETHMANN, Saint-Julien.
SOCIÉTÉ PÉREIRE, Cantenac.
SYNDICAT DES VIGNERONS, Loupiac.
TROPLONG (Ed.), château Troplong-Mondot, Saint-Emilion.
ULRICHS, Martillac.

Médailles d'or.

ADET, SEWARD ET Cie, Bordeaux.
ANGLADE ET Cie, Bordeaux.
BALARESQUE (H. et C.), Bordeaux.
BALLAN (Camille), Loupiac.
BALLANDE, Villenave-d'Ornon.
BELLEMER (Th.), Macau.
BERTAUTS-COUTURE, château Balestard, Saint-Emilion.
BERTRAND (H.) ET Cie, Bordeaux.
BEYLOT (Ch.), château Peyraud, Saint-Emilion.
BICHÉ-LATOUR (Th.) ET FILS, Bordeaux.
BORÉ (Sylvain), Loupiac.
BOSHAMER (Léon) ET Cie, Bordeaux.
CALVÉ (Julien), Pauillac.
CANTEGRIL (Albert), Listrac.
CAPDEMOURLIN (A.), Saint-Emilion.
CARBONNEL (A.-B.), Léognan.

CASTAING (Philippe), Moulis.
CATHALA (D.-L.), Bordeaux.
CAZALET ET FILS, Bordeaux.
CHABANEAU (Veuve), Cadaujac.
CHAIGNEAU (J.) ET Cie, Bordeaux.
CHAIX D'EST-ANGE, Margaux.
CHANTECAILLE ET Cie, Bordeaux.
CHASSAIGNE (Comte de la), Loupiac.
CHAUMETTE (Gaston), Sainte-Croix-du-Mont.
DANGLADE (L.) ET FILS, Libourne.
DELAUNAY (Eugène), Macau.
DENMANN ET Cie (James-L.), Château-Livran, Saint-Germain-d'Esteuil.
DOUAT (Dominique), Listrac.
DUBOS (J.-P.), Macau.
DUCAU (Camille), Loupiac.
DUGOUA (Jean-Jules), Barsac.
DUHAR (Veuve), Sainte-Croix-du-Mont.
DUPUCH (Justin) FILS, Léognan.
DURAND-DASSIER (Ph.), Parempuyre.
DUROY-DE-SUDUIRAUT (MM.), Pauillac.
ESCANDE (Th.) ET Cie, Bordeaux.
FERRAND (Héritiers du Comte A. de), Pauillac.
FERRIÈRE (H.), Margaux.
FÉRY D'ESCLANDS (Duc), Paillet.
FEUILLERAT (Armand), Margaux.
FLORIS (Baron de), Ludon.
FOULD (Achille), Saint-Julien.
GASSOWSKI (De), Margaux.
GAUBERT, Portets.
GEOFFRION (Samuel), Saint-Emilion.
GINESTET ET Cie, Bordeaux.
GLADY (F.), Pessac.
GONDOIN (Veuve), Gradignan.
GOUGES (Veuve), Sainte-Croix-du-Mont.
GRAZILHON (Jean), Saint-Estèphe.
GUICHARD (Alexis), Villenave-d'Ornon.
GUITON (J.) (Soutard-Cadet), Saint-Emilion.
HALPHEN (Mme), Pauillac.
HANAPPIER (Ch.) ET GASQUETON (G.), Saint-Estèphe.

Héron (J.-P.), Bordeaux.
Jacquet (L.) et fils, Libourne.
Kœnigswater (Mme veuve), Arsac.
Labasse (E.), Léognan.
Lachapelle-Comagères, Léognan.
Lalande (A.-J.), Cantenac.
Lalande (Eloi), Barsac.
Lande-Lapelletrie, Curé-Bon-Madeleine, Saint-Emilion.
Lapeyre (Marcel), Sainte-Croix-du-Mont.
Larcher (Veuve), Mérignac.
Lardit (Edmond), Sainte-Croix-du-Mont.
Larronde frères, Bordeaux.
Latrille (J.) fils, Bordeaux.
Laulan (Numa), Barsac.
Laveau (Docteur A.), Sainte-Croix-du-Mont.
Legay (V.), château Haut-Simard, Saint-Emilion.
Le Maire (Armand), Fargues.
Malen, château Grandes-Murailles, Saint-Emilion.
Malet (Héritiers du Comte de), château Gaffelières-Naudes, Saint-Emilion.
Marot (J.) et fils, Bordeaux.
Maurange (Louis), Bordeaux.
Médeville (Numa), Cadillac.
Mendelssohn (de), Margaux.
Milleret (René), Preignac.
Moreau (G.) et Cie, Podensac.
Morel (Héritiers du Comte), château Berliquet, Saint-Emilion.
Muicy-Louys (A. de), Saint-Julien.
O'Lanyer (Louis), Saint-Genès.
Pascaud (Léopold), Barsac.
Pérou (du), Saucats.
Peyraud (Mme), château Canon-Caffelière, Saint-Emilion.
Pinoncely, Saint-Laurent.
Pinot-Gratian (Ed.) ainé, Pauillac.
Plomby (Elie), Barsac.
Prom (J.) et Cie, Bordeaux.
Promis (Paul), Bordeaux.
Ricaud (E.), Villenave-d'Ornon.
Ridaud (A.), domaine Grand-Faurie, Saint-Emilion.
Rochefort (Comte Louis de), Saint-Emilion.

SACRISTE (Ernest), Sainte-Croix-du-Mont.
SAINT-LÉGIER (Comte de), Pauillac.
SANCIÉ (Raymond), Sainte-Croix-du-Mont.
SÈZE (de) ET HERMEL, Pomerol.
SOCIÉTÉ CIVILE DU CHATEAU DE PÉDESCLAUX, Pauillac.
SOULA AINÉ, Martillac.
SYNDICAT DE DÉFENSE VITICOLE ET AGRICOLE DE L'ARRONDISSEMENT DE BORDEAUX.
SYNDICAT DE MACAU.
THIBEAUD (Amédée), château La Clusière, Saint-Emilion.
TOURRÉ, Loupiac.
TOUSSAINT (A.), Villenave-d'Ornon.
VAYSSIÈRE, Martillac.
VIAL (Félix de), Pauillac.
VIALARD (A.), Pauillac.
VILLEPIGUE (R.), château Figeac, Saint-Emilion.
WACHTER, Léognan.
WELLS (William), Loupiac.

Médailles d'argent.

AMIEL (Max), Quinsac.
AMEAU (Jules), Beautiran.
ARNAUD (Arthur), La Tresne.
AUDY ET BONHOURE, Bordeaux.
BAILLON, Langoiran.
BÉGUIN (Docteur), Pessac.
BEILLIARD (Charles), Sainte-Croix-du-Mont.
BERNARD (Xavier), Vertheuil.
BERT (Louis), Barsac.
BERTEAUD (Marcel), Saint-Girons.
BERTIN (Charles), Amélie-sur-Mer (Soulac).
BISCAYE (Maurice), Sainte-Croix-du-Mont.
BONNEFOUS (Charles), Pauillac.
BONNEFOUS (Gustave), Pauillac.
BOUCHARDEAU (Siméon), Donzac.
BOURDILLAS (Léon), Cartelègue.
BOURRAN (de) FRÈRES ET Cie, Bordeaux.
BRAZIER (Roger), Capian.
CARSOLLE (Gustave), Macau.
CARTAUD (François), Plassac-de-Blaye.

Chagnaud, Villenave-d'Ornon.
Claudon (Gustave), Paris.
Comère-Caille, Bègles.
Constantin (Pierre), Lamarque.
Conte (Léonard), Pauillac.
Corbière (Michel), Château-Vachon, Saint-Emilion.
Coste (de), Castres.
Cotture (Louis), Haux.
Cunliffe, Dobson et Cie, Bordeaux.
Dejean (Joseph), Loupiac.
Denis (J.), Macau.
Desse (Georges), Pauillac.
Dezarnaud (Léopold), Loupiac.
Dijeaux (Veuve), Isle-Saint-Georges.
Douat (J.), Sainte-Eulalie.
Dubois (Louis), Pauillac.
Dubory, Domaine de Baracan, Capian.
Dubourdieu (Hippolyte), Sainte-Croix-du-Mont.
Dubroca (T.), Château-Grand-Mayne, Saint-Emilion.
Dubroqua (Amédée), Soulignac.
Dupuy (Georges), Sainte-Croix-du-Mont.
Dupuy (Joseph), Villenave-de-Rions.
Durand, Le Jurat, Saint-Emilion.
Durst-Wild, Portets.
Elissagaray (Renaud d'), Pauillac.
Estansan et Bègles-Saint-Bris, Villenave-d'Ornon.
Expert (Aurel), Monprimblanc.
Expert (Bernard), Laroque.
Fagouet (Georges), Libourne.
Faugère (Henri), Saint-Médard-d'Eyrans.
Ferbos (Jean), Sainte-Croix-du-Mont.
Ferbos (Pierre), Sainte-Croix-du-Mont.
Ferchaud (Eugène), Paillet.
Fréchit (Antoine), Capian.
Gabillaud (Léopold), Sainte-Croix-du-Mont.
Gagnerot (Jean) et Ballade (Henri), Pauillac.
Garbay (Georges), Sainte-Croix-du-Mont.
Gaston (Léon), Cérons.
Gaussem (Chéri), Gabarnac.
Gay, Léognan.

Glaire (Bernard), Capian.
Gouny (Jean-Fernand), Macau.
Grillet, Portets.
Guhur (Daniel), Baurech.
Hugon (Antoine-Albert), Moulis.
Labadie (J.-T.), Bordeaux.
Labuzan (Maurice), Saint-Selve.
Ladoux (Jean), Sainte-Foy-la-Grande.
Lafon (Arthur), Beautiran.
Lapuyade (Veuve), Sainte-Croix-du-Mont.
Larrieu (Auguste), Sainte-Croix-du-Mont.
Lataste (Joseph), Gornac.
Lataste (Evrard), Cadillac.
Laulan (Jean), Sainte-Croix-du-Mont.
Laumonier (André), Pauillac.
Lestapis (de) et Cie, Bordeaux.
Loubaney (Jean), Pauillac.
Malen, Château-Baléau, Saint-Emilion.
Mathellot (Camille), Cadillac.
Mège (Pierre), Saint-Estèphe.
Merce-Attié, Macau.
Méric (Julien), Villenave-de-Rions.
Micouleau (Jean), Macau.
Mondon (Louis), Pauillac.
Mortagne (J.), Pauillac.
Musquin (Cyprien), Romagne.
Neyraud (J.), Carbon-Blanc.
Pageard, Mérignac.
Pagès (G.), Villenave-d'Ornon.
Patachon (Eugène), Donzac.
Pépin (Lucien), Monprimblanc.
Pessonnier (François), Bourg.
Petit (Anatole), Blanquefort.
Pineau (Ténélius), Saint-Estèphe.
Pistouley (P.), Domaine Malineau-Magnan, Saint-Emilion.
Pouchet, Tabanac.
Preller (G.) et Cie, Bordeaux.
Raymond (Darius), Listrac.
Reneteau (Jean), Macau.
Renouil (Jean-Benjamin), Cussac.

Revolat (C.), Talence.
Riou (Henri), Saint-Martin-Lacaussade.
Robin, Villenave-de-Rions.
Roucaud (Armand), Saint-Médard-d'Eyrans.
Roucaud (Fernand), Villenave-d'Ornon.
Saintout (Louis), Margaux.
Sauvestre (Jean), Sainte-Croix-du-Mont.
Seigneriau (Guillaume), Saint-Pardon-Vayres.
Seilhean (P.) et fils, Bordeaux.
Sichel et Cie, Bordeaux.
Sicher (Veuve H.), Gradignan.
Signoret (A.), Saint-Androny.
Solles aîné (H.), Pessac.
Thoumazet (Ludovic), Bordeaux.
Tourteau (A.), Pauillac.
Vathaire (André de), Sainte-Croix-du-Mont.
Verger (Henri), Marcillac.
Vianne (Lazare), Haux.
Videau (A.) fils et Cie, Bordeaux.
Vigouroux (G.), Saint-Médard-d'Eyrans.
Villars (Eugène), Monprimblanc.
Vimeney (Daniel), Sainte-Croix-du-Mont.
Vinsot (Gaston), Cardan.
Weatjen, Cadaujac.
Woolonghan, Larroque.
Zangroniz (de) et Cie, Bordeaux.

Médailles de bronze.

Barateau (Jean), Macau.
Barbot (Auguste), Sainte-Croix-du-Mont.
Bénazet (Albert), Sallebœuf.
Bérard (Maurice), Sainte-Croix-du-Mont.
Bernon jeune, Cussac.
Bichon (J.), Pauillac.
Blanc, Capian.
Brissaud (Joseph), Clos-Fourazade, Saint-Emilion.
Carré (Jean), Néac.
Cayla (Docteur), Pauillac.
Cazeaux (Eugène), Sainte-Croix-du-Mont.
Chevallier (Eugène), Sainte-Croix-du-Mont.

Chevassier (Paul), Sainte-Croix-du-Mont.
Daviaud (Bernard), Sainte-Croix-du-Mont.
Delgueil (Docteur), Castres.
Delsol, Léognan.
Despujols (Henri), Sainte-Croix-du-Mont.
Dupayrat (Daniel), Pauillac.
Espilère (Jules), Rions.
Eyber (V.-M.), Bordeaux.
Eyssan (Edmond), Pauillac.
Farrouil (Eugène), Saint-Romain-la-Virvée.
Faure (Louis-André), Cézac.
Fossé (J.), Cézac.
Gailhac (P.-J.), Mérignac.
Garryt (Ulysse), Cartelègue.
Georget (Louis-Adolphe), Blaye.
Goitsolo (de), Aiguemortes.
Goyaud (Raoul), Barsac.
Jamaut (Auguste), Paillet.
Jean, Fours.
Jugla (Jean), Pauillac.
Lardit (Edmond), Cadillac.
Mageau (Jean), Tabanac.
Mahic, Villenave-d'Ornon.
Mariot (Paul-Marie), Cantenac.
Maurin (J.), Lamarque.
Mayaudon (Louis), La Tresne.
Méchain (Amédée), Cartelègue.
Miquau (Paul), Soussans.
Musquin et Devignes, Soulignac.
Paillou (Pierre-Maurice), Cadaujac.
Robert (Jules), Cars.
Rolland-Dalon (Marquis de), Villenave-d'Ornon.
Roux (Camille), Sainte-Croix-du-Mont.
Sacriste (Brice), Soulignac.
Sacriste (Cyprien), Sainte-Croix-du-Mont.
Salvané (A.), Cadaujac.
Tétard (A.), Pessac.
Thompson (H.) et fils, Bordeaux.
Van de Voort, Pauillac.
Videau (Gustave), Rions.

Mentions honorables.

Barthélemy (Pascal), Pauillac.
Belloc (Jean-Sylvain), Pujols-sur-Ciron.
Blanchet (Paul), Pauillac.
Boulinaud (Camille), Marcillac.
Chaillot (Georges), Artigues.
Duboscq, Portets.
Durand-Daubin (Paul), Saint-Maixent.
Marches, Listiac.
Mas (Urbain), Langoiran.
Rames d'Esclas et Capitaine Barbier, Lacanau.
Renaud (Honoré-Martin), Camblanes.
Roger, Castres.
Sémédard-Bertrand, Macau.
Vialard, Pauillac.

Relativement à la situation des vins de la Gironde en Angleterre, M. Jean Calvet, chef d'une des plus importantes maisons de Bordeaux, a présenté au Congrès international du Libre-Echange, qui s'est tenu au mois de juillet 1908 à Londres, les justes observations suivantes :

Les vins de la Gironde ont toujours constitué un élément considérable dans le chiffre total de l'exportation française en Angleterre ; cette exportation est certainement une des plus anciennes en date, et il n'y a pas lieu d'en être surpris, en songeant que pendant trois siècles, du XIIe au XVe, notre pays de Guyenne était possession anglaise, et non des moindres ayant, comme gouverneur y résidant, l'héritier de la couronne.

C'est pour cela que les vins de Bordeaux furent, de tout temps, en grande faveur dans le Royaume-Uni.

Il est à propos d'examiner quel a été depuis 50 ans, c'est-à-dire avant les traités de commerce et depuis, le chiffre de nos exportations. Quelques-uns suffiront :

En 1859, le droit étant de 5/9 par gall., nous avons exporté

19,400 hect. en barriques,
9,130 » en bouteilles.

Le Traité de Commerce de 1860 réduit le droit à 1/ par gall.

Dès cette même année notre exportation s'avance à :

41,400 hect. en fûts,
14,200 » en bouteilles,

cette augmentation ne tarda pas à prendre de grosses proportions c'est ainsi qu'en 1882 nous enregistrons :

180,600 hect. en fûts,
42,500 » en bouteilles.

Malgré l'élan que le traité de commerce avait donné à la consommation des vins français en Angleterre, témoignage éclatant de l'amplitude que procure aux échanges internationaux l'abaissement des barrières fiscales, l'esprit protectionniste, qui n'abdique jamais, travaillait constamment à regagner le terrain perdu, et réussissait peu à peu à conquérir des influences. Sous cette impression et dans le but d'augmenter les ressources du Trésor, le Gouvernement anglais éleva, en l'année 1900, le droit sur nos vins en barriques à 1/3 et y ajouta sur les vins en bouteilles une surtaxe de 1/, laquelle portait le droit total sur cette dernière catégorie à 2/3. L'effet de cette mesure ne fut pas celui qu'il escomptait; effectivement il n'y eut pas d'amélioration dans les recettes ; on avait prévu une plus-value de £ 298,000, et le résultat obtenu fut moins que négatif, puisqu'il aboutit à un déficit de 12 p. c.

M. Yves Guyot a établi que de 1897 à 1899, le produit de la taxe sur les vins était de £1,368,000 et que de 1901 à 1902, il n'a été que de £1,207,000.

En ce qui concerne plus particulièrement les exportations de nos vins de Bordeaux, nous constatons qu'elles n'ont pas cessé de fléchir depuis cette aggravation des taxes.

En 1903 nous n'enregistrons que :

86,600 hect. en fûts.
12.600 » en bouteilles.

En 1906 cette quantité s'est légèrement relevée à :

97.800 hect. en fûts,
14,300 » en bouteilles.

Mais ces chiffres demeurent bien loin de ceux notés en 1882 et que nous avons cités plus haut.

M. Jean Calvet ne croit pas que cette décroissance puisse être attribuée exclusivement au régime fiscal, quoiqu'il y soit pour beaucoup ; mais il accuse aussi la mode, les médecins, la concurrence des vins d'Australie et de Californie, vendus sous des noms français, enfin la fraude par des vins artificiels « basis wines », mixtures préparées de raisins secs, de bois de campêche, de groseilles, etc., etc.

Ce sont là des faits particuliers qui doivent attirer l'attention des importateurs et de tout le commerce des vins en Angleterre.

5me RÉGION

Charentes (Cognac).

La *cinquième région* comprenait les deux départements charentais où se produisent les meilleures eaux-de vie du monde, universellement connues et appréciées.

En Angleterre, ces eaux-de-vie constituent un commerce des plus importants et il était tout naturel que nos Cognacs fussent dignement représentés à Londres.

Un large emplacement avait été réservé aux bouteilles de cette provenance et une magnifique carte des Charentes montrait le développement de la culture de la vigne dans ce pays si réputé dans le monde entier. Des diagrammes montrant les chiffres de la production complétaient cet ensemble de la façon la plus heureuse.

Il semble tout d'abord que ce soit vers 1550 que les habitants des environs de Cognac se mirent à planter en vignes la plus grande partie de leurs domaines. Il en est résulté une véritable mévente, analogue à celle dont souffre en ce moment le Midi de la France. C'est pour remédier à cet état de choses qu'on eut, vers 1630, l'idée de transformer les vins en eaux-de-vie. A la fin du règne de Louis XVI, l'eau-de-vie de Cognac passait déjà pour la meilleure du monde et tous les personnages du temps qui ont écrit sur les provinces de Saintonge et d'Angoumois, tels que Corlieu, Jean Gervais, Bignon, Bégon, de Bernage, constatent que ce commerce procurait dès lors de bons revenus à tous les habitants des cantons de l'élection de Cognac, où l'on « fabriquait » l'eau-de-vie.

D'après les documents officiels, il y avait seulement à Cognac, en 1650, cinq ou six maisons qui s'occupaient à la fois du commerce des eaux-de-vie et des vins blancs.

En 1775, la marque de Cognac était la première sur les marchés étrangers, et c'est de 1780 que date la fondation des principales maisons anglaises, qui ont adopté la spécialité d'acheter nos produits et de leur assurer alors un débouché toujours sérieux et régulier ; puis l'activité des transactions ayant bientôt motivé la création de nouveaux établissements, l'extension des affaires a pris, dans le laps d'un demi-siècle environ, des proportions considérables.

Exposition des Eaux-de-vie de Cognac.

Cette utilisation du vin eut pour conséquence l'extension graduelle du vignoble cognaçais qui, grâce au régime libre-échangiste, devint particulièrement florissant sous le second Empire. Mais, en 1875, le phylloxéra commença son œuvre de destruction et, en quelques années, la région charentaise fut dévastée, sauf certains points privilégiés, comme le Pays-Bas de Cognac et quelques autres, où l'humidité excessive du sol a permis aux vignes de résister à l'insecte.

M. J.-M. Guillon, Directeur de la Station œnologique de Cognac, disait dans une conférence faite à l'occasion du Concours général agricole de Paris, en 1909 :

Reconstitué aujourd'hui après bien des difficultés occasionnées surtout par la nature spéciale du sol, presque toujours calcaire et superficiel (c'est le calcaire qui donne aux eaux-de-vie de la région leur caractère spécial), le vignoble charentais est toujours classé comme autrefois en deux catégories : « les Champagnes » et « les Bois ».

La Champagne comprend deux subdivisions, et les Bois cinq. La classification aujourd'hui admise par les usages commerciaux est la suivante :

1° Grande ou Fine Champagne ; 2° Petite Champagne ; 3° Borderies ou Premiers Bois ; 4° Fins Bois ; 5° Bons Bois ; 6° Bois ordinaires ; 7° Bois communs dits à terroir.

Cette classification met tous les crus dans l'ordre de leur valeur. La Grande Champagne est la plus estimée, et c'est sur les Bois communs dits à terroir que l'on trouve les eaux-de-vie les moins chères.

Dans la Grande ou Fine Champagne, le cépage dominant est la Folle Blanche, qui donne des vins très parfumés, mais souvent trop acides et peu agréables à boire. Son eau-de-vie possède un bouquet très prononcé et surtout une finesse et un moelleux qu'on ne retrouve dans aucun autre cru. Elle est très longue à se faire et n'acquiert toutes ses qualités de vieux qu'au bout de vingt ou vingt-cinq ans.

Les eaux-de-vie de la Petite Champagne ont des qualités comparables à celles de la Grande ; mais elles sont moins bouquetées, d'une finesse moins accentuée et vieillissent un peu plus rapidement. Celles des Borderies ont peut-être plus de bouquet que celles de Grande Champagne, du moins lorsqu'elles sont jeunes, mais elles ont moins de finesse et de moelleux.

Les Fins Bois qui forment une ceinture continue autour des autres régions donnent des eaux-de-vie vieillissant bien plus rapidement que les précédentes et de qualité un peu inférieure.

A mesure que des Fins Bois on se dirige vers l'Océan, on trouve successivement les Bons Bois, les Bois ordinaires et les Bois à terroir. Ces trois catégories ont des limites assez indécises, car leur sol est très varié. On les groupe très fréquemment sous le nom de Bois éloignés. Leurs eaux-de-vie, sans être dépourvues de qualités, sont plus sèches, et, dans les Bois à terroir, elles présentent un goût spécial, dit « terroir », qui les fait moins apprécier que les autres. Ce goût s'atténue assez avec l'âge.

Et le conférencier s'exprimait ainsi à l'égard de la distillation :

La distillation se fait toujours avec le vieil alambic charentais, dont les viticulteurs ont conservé jalousement la forme : il se compose uniquement d'une chaudière où l'on place le vin à distiller et d'un récipient nommé pipe dans lequel viennent se refroidir, au contact d'un courant d'eau froide, les vapeurs d'alcool se dégageant du vin en ébullition. L'eau-de-vie est distillée à feu nu et par une double opération. Une première distillation donne l'eau-de-vie de faible degré, que l'on nomme « brouillis », et que l'on transforme en eau-de-vie proprement dite en la soumettant à une nouvelle distillation dans le même appareil.

Au sortir de l'alambic, l'eau-de-vie est mise dans les fûts ou tierçons en bois de chêne d'un grand prix, très habilement fabriqués par les tonneliers de la région. Là elle prend sa belle couleur jaune ambrée, l'alcool s'évapore lentement, les éthers deviennent plus abondants et variés, et des produits aromatiques apparaissent, en donnant à l'eau-de-vie plus de bouquet et plus de moelleux. On comprend dès lors que la question du logement a une importance capitale. On a constaté notamment que les bois de chêne du Limousin, d'ailleurs les plus chers, favorisaient au plus haut point l'amélioration de l'eau-de-vie de Cognac, beaucoup plus dans tous les cas que les autres chênes français, et surtout que les chênes étrangers.

Toute l'industrie du cognac réside soit chez le propriétaire, soit chez le négociant. Elle consiste à bien distiller du vin et à garder l'eau-de-vie dans de bons fûts. Mais ces opérations nécessitent, malgré leur simplicité, des soins minutieux et coûteux. L'eau-de-vie est surveillée avec attention et dégustée fréquemment pour en connaître à tout instant la valeur et le mérite. Enfin, le vieillissement, exigeant de longues années, nécessite l'immobilisation de capitaux élevés.

Au Congrès de Chimie qui s'est tenu à Londres en 1909, M. Guillon, agissant en sa double qualité d'Inspecteur de la viticulture et de Directeur de la Station œnologique de Cognac, a fait encore la très intéressante communication suivante :

Plusieurs savants ont recherché les méthodes d'analyse concernant les eaux-de-vie. Etant donné les relations commerciales importantes qui existent entre la France et l'Angleterre, nous avons pensé qu'il était nécessaire de déterminer, à l'occasion de ce Congrès, le rôle de l'analyse dans la pratique commerciale pour ce qui concerne plus spécialement le cognac.

Il est intéressant de dire dès maintenant que, dans le passé, la composition chimique des eaux-de-vie n'a jamais joué aucun rôle dans les Charentes. Même actuellement les distillateurs de Cognac, professionnels ou bouilleurs de cru, n'ont jamais recherché, par les méthodes employées ou les appareils utilisés, à faire des eaux-de-vie répondant à une composition chimique déterminée. Leur produit n'a été apprécié, dans les achats du commerce, que par la dégustation, sans se préoccuper de la teneur en tel ou tel élément chimique. Si le commerce n'a pas tenu compte des analyses, c'est qu'elles ne sont pas un critérium suffisant pour la pratique courante et cela pour les raisons suivantes :

1° Pour un même cru, la composition chimique d'une eau-de-vie est variable suivant le cépage et les conditions climatériques qui ont présidé à la végétation. Pour une même année, la façon dont la distillation a été conduite et le logement de l'eau-de-vie exercent aussi leur influence ;

2° Lorsque l'analyse est faite par des méthodes différentes, les résultats peuvent eux-mêmes notablement différer. Mais cet inconvénient a disparu en France, depuis qu'une méthode uniforme d'analyse a été imposée aux Laboratoires officiels.

En résumé, l'analyse qui, il faut bien le reconnaître, a sa valeur d'indication, devient insuffisante pour servir de base unique d'appréciation, étant donné surtout la possibilité dans laquelle on est d'ajouter artificiellement certains éléments chimiques de constitution.

La dégustation, faite bien entendu par des personnes compétentes, possédant des types de comparaison variés, reste donc en définitive le moyen le plus pratique de détermination de la pureté du cognac. C'est d'ailleurs la seule méthode employée par le commerce, ainsi que l'ont déclaré formellement et unanimement les grands négociants de Cognac, les plus qualifiés, qui ont déposé récemment à Londres, devant la Commission d'enquête royale anglaise sur les alcools de consommation.

Enfin, il a été reconnu devant tous les tribunaux français que l'interprétation de l'analyse devait être nécessairement complétée par la dégustation.

Au surplus, la législation française s'est toujours préoccupée d'assurer la description exacte des produits alimentaires. Nos anciens codes prévoyaient et punissaient la tromperie sur la nature de la marchandise vendue. D'un autre côté, les lois fiscales ont organisé, dès 1872, une série de pièces de régie de couleurs différentes, suivant la nature des alcools.

Des lois successives ont renforcé ces dispositions législatives par l'obligation d'emmagasiner, dans des locaux séparés par la voie publique, les alcools de différentes natures et provenances. Enfin, la loi du 1er août 1905, à laquelle M. Ruau, ministre de l'Agriculture, a attaché son nom, est allée jusqu'à déterminer, d'une façon exacte, le rayon de production.

Un décret du 1er mai 1909 vient de délimiter la région dans laquelle les eaux-de-vie devront être récoltées et distillées pour avoir exclusivement droit aux appellations régionales « Cognac », « eau-de-vie de Cognac », « eau-de-vie des Charentes ».

La législation nouvelle prévoit des sanctions pénales très graves, mais elle n'a pas encore donné tous ses résultats en raison des difficultés nombreuses qu'a soulevées son application intégrale. Cependant on peut affirmer que, dans un avenir très prochain, alors que toutes les dispositions seront rigoureusement prises, la loi du 1er août 1905 garantira suffisamment la pureté du produit pour qu'il devienne inutile d'avoir recours à d'autres moyens de contrôle.

Qu'il me soit permis, en terminant, de rappeler que si le mot « cognac » est employé d'une façon beaucoup trop abusive, les eaux-de-vie incomparables vraiment dignes de ce nom sont uniquement produites par le vignoble charentais, aujourd'hui complètement reconstitué.

Les trois facteurs qui caractérisent un cru : le sol, le climat, le cépage, peuvent en d'autres régions se retrouver, mais isolément. En aucun cas ils ne sont groupés avec la même harmonie qu'en Charente. Donc, même en appliquant ailleurs nos méthodes de distillation et de conservation, les eaux-de-vie de Cognac restent inimitables et nous détenons, par la seule utilisation des forces naturelles, un véritable monopole.

M. L. Ravaz, professeur de viticulture à l'Ecole d'agriculture de Montpellier, ancien directeur de la Station viticole de Cognac, avait déjà dit :

Le cépage peut être cultivé partout et d'après les mêmes méthodes que dans les Charentes ; la distillation peut être faite partout comme à Cognac et avec les mêmes alambics ; l'eau-de-vie peut être logée dans des fûts identiques à ceux qu'on emploie dans notre région. Mais le terrain et le climat ne peuvent nulle part ailleurs se présenter ensemble et avec les mêmes caractères qu'ici. Il y a donc bien peu de chances que tous les éléments qui influent sur la nature des produits soient réunis dans une contrée quelconque comme dans les Charentes ; et, dès lors, aucune autre région ne peut produire du « cognac ».

Aujourd'hui, comme l'a écrit le Cognaçais Jean Bérault :

Le nom de Cognac, grâce à ses produits sans pareils, est réputé sur les plages les plus lointaines des Deux-Mondes. Pas une peuplade sauvage ou civilisée, pas un coin de terre habité où l'eau-de-vie de Cognac n'ait pénétré, et on pourrait dire d'elle que c'est un pur esprit qui est présent partout. Mgr Cousseau, ancien évêque d'Angoulême, aimait à raconter que « dînant un jour à Rome avec des cardinaux, il fut interrogé sur la situation de son diocèse : Je suis évêque d'Angoulême, évêque de Cognac, ajouta-t-il. A ce nom : Cognac ! Cognac ! Cognac ! s'écrièrent tous les convives, oh ! le superbe évêché ! » L'anecdote est significative ; si elle fait honneur au palais délicat des prélats romains, elle démontre la renommée universelle du nectar cognaçais.

Dans ces conditions, on ne comprend pas bien les motifs d'une campagne antialcoolique à l'égard de ces délicieux produits. Sans doute, on peut s'enivrer avec le cognac le meilleur, comme avec le vin le plus exquis ; mais condamner l'usage, parce que l'abus est nuisible, est un procédé qui peut s'appliquer indistinctement à tous les produits de consommation. L'exemple suivant, encore rapporté par M. Guillon, nous a paru typique à cet égard : « Tous les ouvriers qui travaillent dans les magasins de Cognac, c'est-à-dire qui passent leur existence dans une atmosphère saturée de vapeurs alcooliques, devraient, si l'on en croyait les ennemis de l'alcool, être ravagés par d'effroyables maladies. Or, non seulement l'alcoolisme est à peu près inconnu dans la région où tout le monde boit du cognac, mais les visiteurs peuvent admirer, dans les chais, de vaillants travailleurs qui, quoique octogénaires, supportent allègrement le poids de leurs années. »

Ce sont là des faits qu'il est bon de propager partout, car ils réduisent à néant les exagérations de l'antialcoolisme, dont nous ne cessons de dénoncer l'influence pernicieuse sur la prospérité de notre production nationale.

Il existe des stocks importants de ces merveilleuses eaux-de-vie et, chaque année, la distillation des récoltes assure le renouvellement des quantités nécessaires à la consommation.

Rarement un jury a pu apprécier d'aussi bonnes eaux-de-vie charentaises que celui qui a fonctionné à Shepherd's Bush ; il y avait là une magnifique collection de ces produits et tous les jurés ont rendu à ceux-ci un hommage mérité. Le Comité Charentais, le Comice agricole de Cognac, celui de Barbezieux avaient réuni les noms les plus illustres de la distillation dans les Charentes, et les hautes récompenses accordées montrent avec quel plaisir les eaux-de-vie examinées ont été dégustées.

Voici la liste de ces récompenses :

Grands prix.

COMITÉ CHARENTAIS, Cognac.

En participation :

AUGER FILS ET Cie, Montmoreau.
AUGIER FRÈRES, Cognac.
BARNETT ET ELICHAGARAY, Cognac.
BISQUIT-DUBOUCHÉ ET Cie, Jarnac.
BOITEAU (L.), ET Cie, Angoulême.
BOUCHARD (Ph.) ET Cie, Châteauneuf.
BOUCHET (Jules) ET Cie, Cognac.
BOULESTIN ET Cie, Cognac.
BOUTHILLIER (G.) BRIAND ET Cie, Cognac.
CAHET (J.) ET Cie, Cognac.

Calvet et Cie, Cognac.
Camus frères, Cognac.
Chaloupin (V.) et Cie, Angoulême.
Coutanceaux et Cie, Saintes.
Croiset (B.-L.), Saint-Même.
Curlier, Courvoisier et Cie, Jarnac.
Cusenier (E.), fils ainé et Cie, Cognac.
De Laage et Cie, Saint-Savinien.
Denis (J.), Mounié (H.) et Cie, Cognac.
Dyke-Gautier (H.) et fils, Cognac.
Engrand (Emile), Angoulême.
Favraud (J.) et Cie, Jarnac.
Foucauld (Lucien) et Cie, Cognac.
Frapin (P.) et Cie, Segonzac.
Gautier frères, Aigre.
Gautret et fils, Jonzac.
Geoffroy et fils, Cognac.
Girard et Cie, Tonnay-Charente.
Marie Brizard et Roger, Cognac.
Martineau (Gustave), Saintes.
Mestreau (Fréd.) et Cie, Saintes.
Mesure fils ainé, Cognac.
Moullon et Cie, Cognac.
Moyet-Gautier et Cie, Saint-Sulpice.
Normandin et Cie, Châteauneuf.
Pascal Combeau et Cie, Cognac.
Planat et Cie, Cognac.
Pelisson père et Cie, Cognac.
Pinet-Castillon et Cie, Cognac.
Rémy-Martin et Cie, Cognac.
Renault et Cie, Cognac.
Robin (Jules) et Cie, Cognac.
Robin (Albert) et Klug, Cognac.
Roullet et Delamain, Jarnac.
Saulnier (Louis), Jarnac.
Sazerac de Forge et fils, Angoulême.
Sayer (Géo) et Cie, Cognac.
Sorin (J.) et Cie, Le Mortier.
Société des Propriétaires vinicoles (*J.-G. Monnet et* Cie), Cognac.
Tricoche et Cie, Jarnac.

FAVRAUD ET Cie, Jarnac.
FRAPIN (Pierre), Segonzac.
GUÉRIN (Alexandre), Salles-d'Angles.
GUICHARD (Dr), Lignières.
VITICULTEURS DU COMICE AGRICOLE, Cognac.
VITICULTEURS DU COMICE AGRICOLE ET VITICOLE, arrondissement de Barbezieux.

Diplômes d'honneur.

COMICE AGRICOLE DE SAINTES.
DELÉTOILE, Criteuil-la-Magdeleine.
FURLAUD (Veuve G.) ET Cie, Cognac.
GRATTEREAU, Saint-Sulpice.
MOREAU (Archange), Gimeux.
NORMAND-DUFIÉ, Les Eglises-d'Argenteuil.

Médailles d'or.

ARCHÉ (Adrien), Guimps.
AUBOUIN, Marville-Genté.
BOISNAUD (Jules), Angeac-Champagne.
BOULINAUD (Amédée), Javrezac.
CARRÉ-BONVALLET (René), Nieul-le-Virouil.
CASTAIGNE (Emmanuel), Ars.
CASTILLON DU PERRON, Gensac-la-Pallue.
CLAUDON (H.), Rouillac.
COMBEAU (Pascal), Bel-Air-Saint-Brice.
FÈVRE (Jean), Condéon.
FÈVRE (Louis), Regnac.
FILLIOUX (Alfred), Javrezac.
GADRAS (Isaac), Condéon.
GLOTIN (Mme), Montbriard, commune de Richemont.
GUILLON (J.-M.), Marsville.
GUINEFOLLAUD (L.), Angoulême.
HUVET (Louis), La Poterie.
JOBIT (Albert), Saint-Laurent.
MARTEL (Mme Gabriel), Cressé.
MASSY (J.-A.), Meschers.
MESLIER (Dr James), Touvérac.

Mousset (André), Chalais.
Nicolle (Théodore), Tesson.
Pelluchon (Alexandre), Le Trueil.
Pérodeau (Yriex), Juillac-le-Coq.
Picauron (Rodolphe), Burie.
Pichet, La Chaise.
Pouilloux (René), Saint-Jean-d'Angély.
Rateau (Louis), La Chapelle-des-Pots.
Richard (Aimé), Segonzac.
Robin (A.), Bassac.
Roy (Célestin), Bassac.
Servant, Ambleville.

Médailles d'argent.

Bellot (Anatole), Cherves.
Bréard (M.), Les Marais-Saint-Sulpice.
Charpentier (H.), Roullet.
Charrier (Gaston), Plassay.
Chatelier frères, Nancras.
Chatelier (Xavier), Nancras.
Dodard, Les Bobelines.
Dupuy, Jarnac.
Endrivet fils, Domaine de Puy-Gaudin.
Godot (Edouard), La Gîte.
Majet (A.), Xambes.
Morice (Dr Gaston), château des Joguets.
Mesure père, Cherves.
Nérand (T.), Saintes.
Pitard (Frédéric), Lejardière.
Rambaud (Albert), Gémozac.
Robin (Edgar), Logis-du-Fribeau.
Vallein (Georges), Chermignac.
Vaurez (Henri), Bougneau.
Vignaud (Maurice), La Guignebarderie, commune de Cherves.

Médailles de bronze.

Bonnet (Philippe), Saint-Georges-des-Coteaux.
Nambraud (Fernand), Le Chéron.

Mentions honorables.

DISTILLERIE COOPÉRATIVE DU VIN NATUREL, Saint-Georges-du-Bois.
GRELLET (Emmanuel), Saint-Palais-sur-Mer.
LERALLE (Séverin), Le Ramet.
MULLER (Ignace), Fontrémie.
PROU (Anselme), La Foy-Gémozac.

Quelques exposants particuliers avaient présenté des échantillons de vins du pays, mais ces vins rouges et blancs n'ont pas rencontré, du côté des jurés anglais, la faveur que leurs producteurs espéraient, aussi les notes qu'ils ont obtenues n'ont pas permis de leur accorder des récompenses élevées.

6me RÉGION

Nord-Ouest (Anjou, Touraine).

Dans la *sixième région* (Nord-Ouest), nous voyons figurer les exposants des départements du Calvados, de l'Eure, de la Manche, de la Loire-Inférieure, de Maine-et-Loire, de la Sarthe, de la Seine-Inférieure, d'Indre-et-Loire, du Loir-et-Cher et du Loiret. Cependant, en réalité, à part quelques concurrents individuels de Fécamp, du Hâvre et de Caen, cette catégorie ne renfermait guère que des échantillons d'ailleurs très remarquables et très remarqués de vins de Maine-et-Loire. Le Comice agricole de Saumur, le Syndicat agricole de Thouarcé et l'Union des viticulteurs de Maine-et-Loire à Angers avaient présenté des vins mousseux et des vins blancs secs ou légèrement doucereux qui ont été fort goûtés.

La caractéristique des vins du Saumurois réside surtout dans leur diversité, conséquence immédiate de la diversité des sols qui les produisent. Presque toutes les couches géologiques sont, en effet, représentées dans cette région et supportent des vignobles réputés. C'est pour ainsi dire aux pieds des superbes châteaux de Saumur que commence les coteaux fameux où sont plantées les précieuses vignes de cette belle région de la Loire. Les communes de Dampierre, Souzay, Parnay, Turquant, Montsoreau, Fontevrault, Brézé, Montreuil-Belloy, Allonnes, etc., offrent chacune leurs produits particuliers, solides, nerveux, liquoreux, pleins de corps et de finesse en même temps.

L'ensemble du vignoble saumurois s'étend sur près de 13,000 hectares, en y ajoutant les plantations des coteaux du Layon dépendant de l'arrondissement de Saumur. La renommée des produits de ce vignoble, tout en suivant une marche ascendante avec les progrès de la vinification, n'est pas nouvelle ; l'histoire a conservé le nom de deux hollandais : Van Rossum et Van Voorn, personnages notables, qui, au XVIIe siècle, habitant la commune de Souzay, étaient chargés d'acheter et d'expédier par bateaux, sur la Loire, les meilleurs vins du Saumurois. Ces derniers étaient ainsi fort recherchés par les populations du Nord, tout particulièrement. Les consommateurs anglais doivent également trouver dans ces produits des qualités à leur goût.

Nous avons déjà signalé pour les vins de Saumur mousseux (*Voir 2e région*), que leur importation en Angleterre se chiffrait par plus de 500.000 bouteilles annuellement. C'est là une quantité intéressante qui pourrait augmenter dans l'avenir si les droits imposés par la douane anglaise n'étaient pas si élevés.

Les récompenses obtenues ont été les suivantes :

Grands prix.

Comice agricole de Saumur.
Cristal (Antoine), Parnay.
Union des Viticulteurs de Maine-et-Loire.

Diplômes d'honneur.

Bizard, Angers.
Bourcier, château de Briançon.

Médailles d'or.

Baudrillier (Pierre), Thouarcé.
Bazantay, Pont-Boursault.
David (Simon), Rablay.
Des Ages (Charles), Dampierre.
Fourrier, Angers.
Gilles-Deperrière, château de la Grange.
Girard (Achille), Brézé.
Hamon (Louis), Le Breuil.
Lebeau (Camille), Thouarcé.
Massignon, Saint-Lambert-du-Lottay.

Exposition du Nord-Ouest, Anjou, Touraine.

Mignot (Louis), Bellerive.
Perrault, château de Meigné.
Perrault (Eugène), Brézé.
Rosin, Angers.
Saulais-Mauriceau, Parnay.
Soland (de), Thouarcé.
Syndicat agricole de Thouarcé.
Vaillant (Aimé), Cossé.

Médailles d'argent.

André, Angers.
Betton-Allard, Angers.
Claveau (René), Saumoussay.
Delaunay (René), Saint-Aubin-de-Luigné.
Gilbert (Arthur), Souzay.
Godillon (Emile), Saint-Lambert-du-Lottay.
Hacault (Adrien), Thouarcé.
Leroi, Rablay.
Monprofit, Le Champ.
Nicolle (E.), Sartilly.
Pellerin (Théodore), Le Champ.
Planchenault, Angers.
Pottier (Albert), Allonnes.
Priet, Angers.
Renault, Saint-Georges-Chatelaison.
Suaudeau, Angers.
Topart (Dr), Château de Forges.

Médailles de bronze.

D'Andigné (comte Jean), château du Grip.
De Grandmaison (G.), Montreuil-Bellay.
Gauthier (Désiré), Saint-Aubin-de-Luigné.
Gigault, Saumur.
Pétry, Martigné-Briand.
Roullier, Aubigné.

Mentions honorables.

Brincard (baronne), château de la Bizolière.
Cheignon, Nantes.
Laboe, Angers.
Oger-Bascher, Saint-Aubin-de-Luigné.

7me RÉGION

Armagnac (Gascogne et Centre).

La *septième région* comprenait le Gers, avec la Ténarèze, le Haut et le Bas-Armagnac, la Nièvre, l'Allier, l'Indre, le Puy-de-Dôme, la Haute-Garonne, le Lot-et-Garonne et le Tarn. Mais à vrai dire, il n'y avait guère que les départements du Gers et de la Haute-Garonne qui fussent représentés dans cette classe. Le premier a surtout exposé ses eaux-de-vie si estimées en France, mais peu appréciées en Angleterre, aussi a-t-il fallu faire un peu l'éducation des jurés anglais à leur sujet. Ils ont alors reconnu les qualités de ces produits, réunis avec quelques-uns des Landes par les soins du Syndicat de l'Armagnac.

Les eaux-de-vie d'Armagnac. — Bien que les Armagnac ne possèdent pas le fondu, le parfum et la distinction des produits charentais, ils ont une réelle valeur et tiennent encore une excellente place par leur finesse et leur bouquet.

La production des eaux-de-vie de l'Armagnac s'étend sur les parties limitrophes de trois départements : le Gers, les Landes et le Lot-et-Garonne. Mais la moitié au moins du territoire où se distillent ces produits appartient au premier de ces départements.

Ces eaux-de-vie sont classées ainsi par ordre de mérite :

Bas-Armagnac, comprenant : le Grand-Bas-Armagnac, qui occupe les deux tiers de la zone à l'Ouest (types : Le Houga, Saint-Gein, Montlezum, Castex, Artez, Monclar, etc.) ; 2° Moyens ou Fins-Bas-Armagnac comprenant une bande formant le tiers du reste de la zône du Nord au Sud (types : Cazaulon, Caupenne, Gabanet, etc.) ; Petit-Bas-Armagnac (types : Nogaro, Manciet, etc.).

Ténarèze (types : Labarrère, Castelneau, Eauze, Bretagne, Lannepax, Cazeneuve, Montréal, etc.).

Haut-Armagnac (types : Condom, Valence, Vic-Fézensac, etc.).

Les produits de ces différentes régions ont de très réelles qualités ; mais, et c'est sur ce point que nous attirons l'attention, bien que le cépage fournissant les vins qu'on y distille soit exactement le même que celui des Charentes, la « Folle blanche », qu'on appelle dans le Gers « Piquepoule », le résultat est différent, le bouquet, le parfum ne sont pas les mêmes et personne ne pourra prendre un Cognac pour un Armagnac et *vice versa*.

En France, on ne peut obtenir de véritable Cognac en dehors des Charentes, ni d'Armagnac en dehors de la région armagnacoise; à plus forte raison est-il impossible aux pays vinicoles étrangers, malgré le choix des cépages et malgré les soins de la distillation, de produire des eaux-de-vie semblables aux nôtres.

Les eaux-de-vie d'Armagnac se conservent et vieillissent dans les mêmes conditions que celles des Charentes.

Les vins blancs du Gers ont paru un peu durs et verts. Par contre, de la Haute-Garonne on a bien coté les produits exposés par la Société Centrale d'agriculture de ce département et par la Société Vinicole de Villaudric. Ces produits fournis par les vignobles de Fronton, Longage, Villaudric, etc., ont du corps, de la délicatesse, avec un goût franc et agréable.

Le Tarn avait envoyé quelques vins de Gaillac assez corsés et d'une jolie couleur.

Les récompenses obtenues dans cette région ont été les suivantes :

Grands prix.

Syndicat de l'Armagnac, Condom.
Forsans (Paul), Lagor.
Du Vigneau et Cie, Condom.
Janneau, Condom.

Diplômes d'honneur.

Domaine de Laubade, Sorbets.
Société centrale d'agriculture de la Haute-Garonne, Toulouse.
Sourbets (Georges), Mont-de-Marsan.

Médailles d'or.

Aubry, Beaumont-sur-Lèze.
Bertrand (E.), Gaillac.
Bruchaut (H.), Gondrin.
Castay (O.), château de Jaulin.

Dubedat (A.), Pont-de-Bordes.
Dussaux (P.), Panjas.
Gabarrot et Daroux, Vic-Fézensac.
Mathieu (A.-B.), Gaillac.
Nismes (J.), Pont-de-Bordes.
Papelorey et Lenglet, Condom.
Rouart, Saint-Caprais.
Roumengou (J.), Cugnaux.
Société coopérative vinicole, Toulouse.
Société viticole, Villaudric.
Sourbets (J.), Mont-de-Marsan.
Vivez (Ed.-Henri), Condom.

Médailles d'argent.

Andrieu (Louis), Toulouse.
Bourdette (L.), Condom.
Couloума (Louis), Saint-Sulpïce.
Fauré, Bérat.
Grimard (J.), Lavardac.
Lacaze, Longages.
Lacoste (J.), Sos.
Latou père et fils, Condom.
Lavaivre, château de la Montée, par Charrain.
Legrand (C.), Tarbes.
Lespinasse, Villemur.
Pons (de), Villaudrie.
Ramondou, Villemur.
Remond, Monberon.
Saune (de), Villemur.
Sengès, Saint-Simon.
Serre, Comebarrieu.
Talon (Léonard), Vaumas.
Tranier, Castelnau.

Médaille de bronze.

Pouilhac, Toulouse.

8me RÉGION

Languedoc. Roussillon.

La *huitième région*, constituée par les grands vignobles du Languedoc et du Roussillon, correspondant aux départements gros producteurs de l'Aude, du Gard, de l'Hérault, des Pyrénées-Orientales, des Bouches-du-Rhône, du Var, de Vaucluse, plus l'Ardèche et les Basses-Alpes, montrait un nombre important de vins rouges et blancs de différents genres, secs et doucereux, de vins de liqueur et d'eaux-de-vie de vin et de marc.

A propos de la dégustation de ces vins à Londres, M. Félix Michel, qui était rapporteur, s'exprime ainsi dans la note qu'il nous a remise :

« L'impression produite a été excellente ; les récompenses décernées par un Jury, pourtant sévère, en sont une preuve évidente et démontrent les progrès réalisés par nos propriétaires dans leurs procédés de vinification. Mais il faut bien reconnaître que, si nos vins ont obtenu un pareil succès, ils le doivent en grande partie au travail préparatoire de la Commission locale de dégustation qui a fonctionné à Montpellier, et qui n'a laissé partir pour Londres que des produits intéressants et parfaitement sains. Nous aurions eu le plus grand tort d'exposer tout ce que les propriétaires, dont certains se font facilement illusion sur leurs produits, nous envoyaient. En élaguant les vins inférieurs, ou simplement douteux, la Commission a rendu un réel service à nos quatre départements du Midi.

« Les Anglais sont difficiles. Ils ne sont pas habitués au vin. Il faut les amener peu à peu à cette boisson hygiénique. Une des premières choses à faire est d'obtenir l'abaissement des droits d'entrée en Angleterre. Il faut tenter le consommateur anglais par des prix avantageux, mais pas trop bas. J'ai constaté que, si l'on offre à nos amis d'outre-Manche un produit trop bon marché, ils en concluent immédiatement qu'il ne doit rien valoir.

« Ce qu'il faut, ensuite et surtout, c'est produire bon. Nos propriétaires ne doivent pas perdre de vue, s'ils veulent pénétrer sur le marché anglais, que ce peuple, je le repète, est très difficile. Jusqu'à présent, il ne connaît que nos vins de crus. Il faut donc nous rapprocher de ces types le plus que nous pourrons, si nous voulons, à la faveur de prix plus abordables à la classe moyenne. faire pénétrer nos vins en Angleterre. C'est d'abord le bourgeois qu'il faut conquérir ; puis, petit à petit, nous gagnerons l'ouvrier.

« J'ai observé les jurés anglais lors de la dégustation de nos meilleurs vins de coteaux. Ils étaient visiblement embarrassés. Ils ne savaient que dire et attendaient que les jurés français se fussent prononcés pour donner eux-mêmes leur opinion, Il a fallu que notre Président de table, le dévoué M. Jules Leenhardt-Pomier, Vice-président du Jury, leur fît comprendre que ces vins, qui les étonnaient, leur paraissaient maigres, trop verts, presque désagréables, étaient cependant de bons vins, ayant de très sérieuses qualités, et parfaitement hygiéniques ; mais qu'ils arrivaient, pour la plupart, directement de la propriété, sans avoir reçu les soins et les coupages intelligents qu'avaient subis les vins exposés par le commerce.

« J'ai acquis la conviction que ce ne sera pas tel ou tel propriétaire qui, directement, vendra son vin en Angleterre et que, si le Midi parvient à se créer un débouché chez ce grand peuple, ce sera par son commerce qui arrivera, en laissant vieillir les vins, et en les coupant intelligemment, à les façonner au goût du consommateur anglais. »

Il est parfaitement exact que les jurés anglais n'ont pas tous apprécié, comme il convenait, les vins de nos départements du Midi. En général ces experts, négociants-importateurs de vins, n'ont de palais que pour les produits de crus, corsés et forts. Il faudrait peu à peu faire l'éducation du public anglais pour ces vins qui n'ont pas les qualités que celui-ci s'attend à trouver généralement.

A cet égard, il ne sera pas sans intérêt de donner ici un extrait d'une « causerie » qui a été faite le 29 novembre 1908, au siège de l'Association de l'Industrie et de l'Agriculture française, par M. Jean Périer, le distingué attaché commercial à l'Ambassade de France à Londres.

M. Prosper Gervais, vice-président de la Société des viticulteurs de France, avait posé à M. Périer les questions suivantes :

Je voudrais demander à M. Périer ce qu'il pense de la situation du marché des vins en Angleterre, et s'il ne croit pas que notre exportation de vins puisse y être notablement augmentée, spécialement celle de nos vins ordinaires du Midi. Toute le monde se rend compte de l'importance de cette question pour nos régions viticoles.

Exposition du Languedoc et du Roussillon.

La plupart de nos syndicats viticoles méridionaux, et notamment la Confédération générale des vignerons du Midi, ont fait un très sérieux effort à l'Exposition Franco-Britannique. Ils ont envoyé à Londres une quantité considérable d'échantillons, de types de vins du Midi, avec le désir de faire connaître notre production méridionale, et la pensée que des relations commerciales suivies pourraient en découler plus tard. L'opinion si autorisée de M. Périer aurait, pour ces associations, un intérêt tout particulier, que je n'ai pas besoin de souligner.

M. Périer répondit :

J'ai étudié cette question des vins, et je suis convaincu que notre exportation de bons vins de table pourrait être accrue. Les vins, à leur entrée en Angleterre, paient un droit très élevé (environ 35 centimes par litre). Mais on les vend là-bas très cher, et l'on n'en trouve guère à moins de 1 fr. ou 1 fr. 25 la bouteille. Or, certains vins français, droits d'entrée mis à part, pourraient être rendus en Angleterre à raison de 65 centimes le litre. Il y a donc de la marge entre le prix de revient et le prix de vente.

Seulement, il faudrait une réorganisation complète du commerce des vins, tel qu'il est actuellement pratiqué à Londres. Les maisons existantes ont des frais généraux considérables, car elles font les choses en grand. Aussi pourrait-on leur faire concurrence au point de vue des prix. Seulement, il serait nécessaire d'avoir des hommes nouveaux, jeunes autant que possible, originaires de nos départements viticoles, et soutenus, pour commencer, par des groupements sérieux de commerçants ou de producteurs : car il ne faut pas compter réussir avant un certain temps, — quand ce ne serait que le temps d'apprendre la langue.

M. Fougeirol. — Mais quels vins ordinaires enverrait-on ? Il ne faut pas oublier que les Anglais, même opulents, sont habitués aux vins très forts en alcool.

M. Périer. — Tout ceci est fort exact, et les Anglais, en effet, n'aiment que le vin très fort. On y est si bien habitué là bas que du vin que j'avais trouvé excellent en France me semblait un peu faible en Angleterre.

M. Edmond Théry. — C'est justement pourquoi je vous demanderai si, pour nos vins tout à fait ordinaires du Midi, on peut espérer les amener sur le marché anglais.

M. Périer. — Je le crois.

M. Georges Lemaître. — Je me permettrai de n'être pas tout à fait de cet avis. Les Anglais boivent volontiers un verre d'assez bon vin, en dehors des repas, avec un biscuit ; mais en mangeant, ils boivent généralement de la bière. J'estime que nous aurions beaucoup plus de chances d'élever nos ventes de vins fins que celle de nos vins ordinaires.

M. Gervais. — Mais je n'ai pas entendu parler des vins tout à fait communs de notre Midi. Avec ce qu'on appelle « les petits vins » ; j'ai visé la vente de certains crus spéciaux de nos vignobles, tels que les vins du Minervois, des Corbières, des Pyrénées-Orientales, etc., qui peuvent très bien avoir leur place sur les tables des classes moyennes. Ils vont d'ailleurs déjà en Angleterre, habilement et du reste honnêtement coupés et remaniés, comme des vins d'autres régions.

M. Périer. — Dans ces conditions, je pense qu'il faut avoir bon espoir.

Il y a là, de la part de M. Périer, un peu d'optimisme ; nous croyons qu'on éprouvera certaines difficultés à faire acheter nos vins ordinaires par les Anglais : ceux-ci resteront plutôt attachés à nos vins fins. On peut évidemment tenter l'expérience, et pour cela demander la réduction des droits de douane, afin de pouvoir introduire ces vins à meilleur compte, mais il faudra, dans tous les cas, agir avec prudence.

Nous devons noter cependant qu'au bar de dégustation les vins du Midi ont été largement demandés, et le Comité régional du Midi écrivait même à ses adhérents pendant l'Exposition :

> Le Comité est heureux de pouvoir continuer à donner des renseignements satisfaisants sur le fonctionnement du Bar de dégustation des Vins du Midi à l'Exposition de Londres. Il était loin d'espérer que (créé à frais infiniment moindres que les bars des autres grands vignobles de France, quoique déjà beaucoup trop onéreux pour les trop faibles ressources du Comité), il serait celui d'entre tous qui aurait, à beaucoup près, le plus de succès.
>
> Le but est de faire connaître les vins du Midi et leurs prix plus accessibles que tous autres à toutes les bourses, deux choses qui sont beaucoup trop ignorées à l'étranger.
>
> Les bons résultats des efforts faits en ce sens ne se sont pas encore démentis puisque durant les huit dernières semaines, où l'Exposition bat son plein, grâce au zèle de tous, et en particulier de la demoiselle de comptoir (Française, engagée pour cet objet) il a été servi, en moyenne, au Bar du Midi, 9,789 verres (soit plus de 1,200 par semaine), de vins rouges ou blancs, muscats, grenache ou eau-de-vie du Languedoc, dont la qualité et le bas prix ont valu à ce bar les préférences du grand public. Quoique un fâcheux changement qui a été apporté après coup dans l'entrée principale de l'Exposition, soit fort défavorable à la situation intérieure du Bar, devant lequel il n'y a plus obligation pour tout le public de passer, on ne peut que se féliciter, pour l'avenir, des résultats déjà acquis, et surtout des espérances qui peuvent en résulter.
>
> Rien ne sera négligé pour recueillir tous les résultats possibles en vue du développement de l'exportation de nos vins, qui a été de tous temps malheureusement insignifiante.

Et cependant, comme le montrait M. Leenhardt-Pomier, président du Comité, et vice-président du Jury à Londres, à l'aide d'un graphique des plus complets dressé par lui, si la France est le pays qui récolte le plus de vin, quatre de nos départements du Midi en fournissent la plus grosse part.

Voici le texte qui accompagnait cet intéressant graphique, placé «Hors Concours» son auteur étant membre du Jury, et que nous reproduisons ici même :

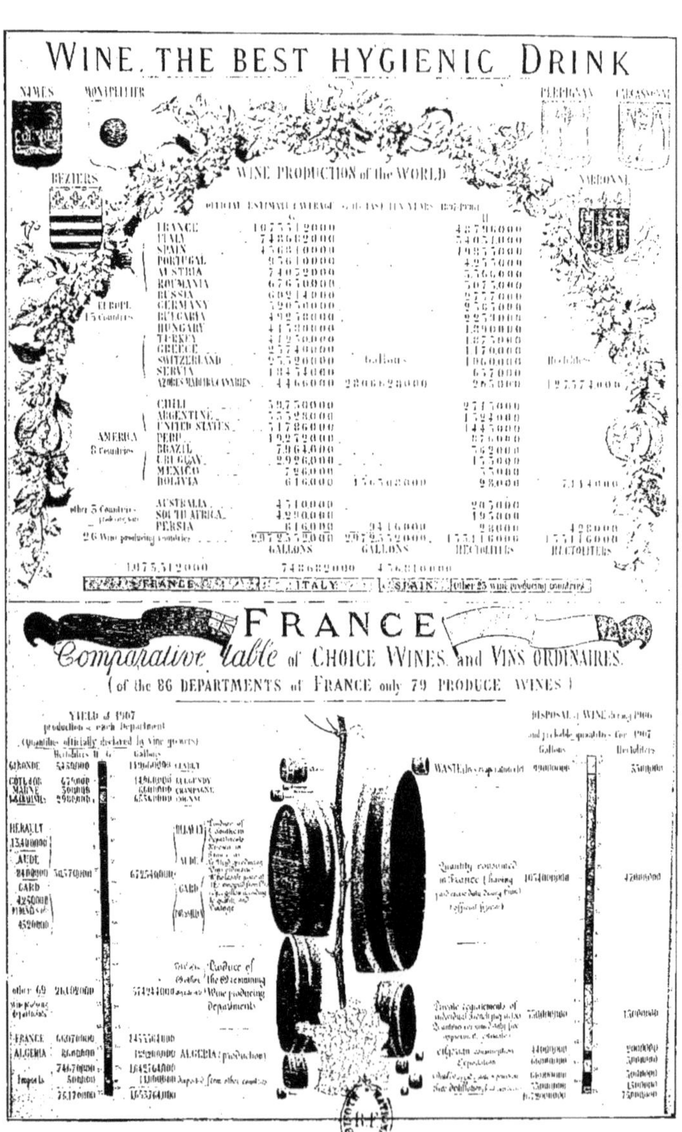

Tableau comparatif des récoltes en France et a l'Etranger.

EXPOSITION FRANCO-BRITANNIQUE (Londres 1908)

Le vin est la plus hygiénique et la plus nutritive des boissons.

D'après les évaluations officielles, la production moyenne de 10 ans (1897-1906) a été la suivante :

Sur 26 pays qui, seuls, dans le monde entier produisent du vin

1 la France seule (pendant la reconstitution du vignoble) aurait produit	48.000.000	d'hectolitres
Les 25 autres pays ensemble.	87.000.000	—
Sur l'ensemble de . . .	135.000.000	—

1 seul aurait produit plus que la moitié des 25 autres réunis.

En France, après la reconstitution du vignoble, en 1907 : sur 86 départements, dont 76 seulement produisent du vin, d'après les déclarations officielles,

les 4 produisant le bon vin du Midi, ont récolté, à eux seuls.	30.500.000	hectolitres
les 72 autres cultivant aussi la vigne, tous réunis	35.500.000	—
Sur l'ensemble de . . .	66.000.000	—

Ces 4 départements du Midi, à eux seuls, ont produit presque autant que les 72 autres réunis.

Prix commercial, en gros (naturellement approximatif et très variable) pour de bons vins ordinaires et hygiéniques du Midi (vin, futaille, frais divers et transport du vignoble jusqu'à Londres, tout compris) :

l'hectol.(1) Fr.	30,	plus les droits	actuels	37,50	=	Fr. 67,50
» »	30,	»	antérieurs	30	=	» 60 »
» »	30,	»	préconisés par Gladstone	17,50	=	» 47,50
» »	30,	(sans droits).			=	» 30 »

(1) L'hectolitre vaut 22 gallons.

A l'examen de ce document, on se rend compte que, d'après les évaluations des dix dernières années (qui sont très inférieures à la réalité), la France seule produit en moyenne par an 48.000.000 d'hectos, et les 25 autres pays viticoles du globe réunis 87.000.000 d'hectos ; c'est-à-dire que, sur une production totale de 135.000.000 d'hectos, un seul de ces 26 pays (la France) fournit normalement plus que la moitié des 25 autres pays réunis.

Aujourd'hui nous dépassons 60.000.000 d'hectolitres et, pour l'année dernière, les ressources de la France et de l'Algérie réunies ont été de 75.000.000 d'hectolitres, Or, l'étranger, qui ne connaît guère de notre pays que ses vins spéciaux ou de luxe, ignore qu'il récolte 60 millions environ de fort bons vins, très hygiéniques, accessibles à toutes les bourses bourgeoises et populaires. Suivant le relevé fait, il résulte que si trois départements produisent des vins de luxe pour 6.000.000 hectos, et deux ou trois départements à eau-de-vie, 3.000.000 hectos, les quatre départements gros producteurs du Midi ont récolté 30.000.000 hectos, et les autres départements viticoles 26 millions d'hectolitres.

Et, comme pour ceux qui n'y regardent pas de près, ces chiffres, excessifs au premier abord, peuvent paraître en désaccord avec leur écoulement, M. Leenhardt-Pomier a indiqué sur son graphique, parallèlement à la production, la consommation ou l'emploi de ces vins. C'est ce qui a été fait en inscrivant sur des fonds de tonneaux ou de foudres de capacités proportionnelles cette utilisation.

Grâce à tous les efforts réunis, producteurs et négociants français sont en droit d'espérer que l'Exposition de Londres aura pour résultat fécond d'ouvrir un champ plus vaste à nos exportations en Angleterre et de dissiper l'opinion préconçue qui règne à l'étranger au sujet de certains de nos vignobles, et que des discussions imprudentes au Parlement et ailleurs ont contribué à propager.

A ce sujet, des membres du Jury se sont vivement préoccupés d'un article de M. Daniel, professeur à Rennes, paru dans le *Times*, le 25 mars 1908 et dans lequel celui-ci, analysant les causes de la crise viticole en France, prétend qu'elle est surtout due à la mauvaise qualité des vins produits par les vignes greffées. Les jurés ont protesté contre cette opinion d'ailleurs infirmée par la qualité des vins qu'ils venaient de déguster.

Voici la liste des récompenses accordées aux vins du Midi :

Grand prix

COMITÉ RÉGIONAL DU MIDI, Montpellier.

Diplômes d'honneur.

BARRAL-D'ESTÈVE, Marseillan.
BARTISSOL, Banyuls.
CONFÉDÉRATION GÉNÉRALE DES VIGNERONS, Narbonne.
CLOLUS (Emile), Badens.
DORIA (Comte), Adissan.
FRAISSÉ (Gustave), Riols.
GÈS (Emmanuel), Saint-Genis-des-Fontaines.
JOUÉ (A.), Perpignan.
PAMS (Eugène), Port-Vendres.
SOCIÉTÉ CENTRALE D'AGRICULTURE DE L'AUDE.
SYNDICAT DES VIGNERONS, Narbonne.
SYNDICAT AGRICOLE DU GARD, Nîmes.
SYNDICAT DES VIGNERONS, Carcassonne.

Médailles d'or.

ARNIHAC-RÉMY, Saint-Félix-de-Lodez.
AUBERT-AUBENQUE, Montpellier.
AUGER, Frontignan.
BASTARDY, Moux.
BODIN (Emile), Cassis-sur-Mer.
BONNES (G.), Gléon.
BOUZANQUET (Ulysse), Vauvert.
BRANCA (le Commandant), Bram.
BRET (Paul), Montpellier.
BRIAL (J.), Perpignan.
CARCASSONNE (Henri), Salies.
CARLES (Emile), Gigean.
CAUSSEL (Louis), Clapiers.
CHAVANETTE (J.), Tuchan.
CHAVANETTE (Laurent), Vingrau.

Collectivité de la commune d'Argeliers.
Commune de Tautavel.
Compagnie des Salins du Midi, Montpellier.
Confédération, section d'Argelès-sur-Mer.
Confédération, section de Corneilha.
Confédération Maille, Argelès-sur-Mer.
Confédération Malègue, Argelès-sur-Mer.
Crozals (Cyprien de), Béziers.
Ducup (Parc), Perpignan.
Ebelot (Louis), Estagel.
Ebelot, Tautavel.
Filachou (François), Rivesaltes.
Gordon-Martins (Dr Ch.), Saint-Georges-d'Orques.
Jalabert, Limoux.
Maroger de Rouville (A.), Nîmes.
Massol (C.), Clos-Massanc.
Mialhe, château Villegrix.
Michel (Théophile), Jonquières.
Mir (Eugène), Castelnaudary.
Mournet (Justin), La Nouvelle.
Nugue-Richard et Cie, Béziers.
Pons (Adrien), Murviel-les-Montpellier.
Pons (Robert), Mireval.
Richard (César), Puisserguier.
Roubaud-Tarascon, Châteauneuf-du-Pape.
Rouvière-Huc, Saint-Geniès-des-Mourgues.
Syndicat de Clapiers.
Syndicat des Corbières viticoles.
Syndicat de Montpellier-Lodève.
Syndicat des Vignerons des Pyrénées-Orientales.
Vallot, Lodève.
Verrier (Célestin), Mireval.

Médailles d'argent.

Armand (Veuve Pierre), Saint-Mamert.
Bissanne (Jean), Murviel-les-Montpellier.
Boucoiran (Emile), Beauvoisin.
Boyer (Victor), Carcassonne.
Burgat, Maisons.

Cabassut (Abbé), Aspiran.
Chichet (Jules), Cases-de-Pène.
Coll, Perpignan.
Comes, Tautavel.
Crozals (Paul de), Saint-Laurent-des-Corbières.
Delafarge (L.), château de Vaisseries.
Douysset, Saint-André-de-Sangonis.
Durand (E.) et Bousquet (J.), Caux.
Fargues, Loupian.
Feuquer (Paul), Saint-Georges-d'Orques (Hérault).
Feuillat, Carcassonne.
Folliet (F.), Générac.
Garnier-Picheral, Vic-le-Fesq.
Grelat (Achille), Bizanet.
Kergolay (Comte de), Montpellier.
Laval-Trouchaud, Lézan.
Laurens (Gabriel), Montagna.
Liger (G.), Puichéric.
Malavialle (Antoine), Paziols.
Malèles (Charles), Mireval.
Martin (César), Langlade.
Marty-Marty, Montpellier.
Maurel (L.), Carcassonne.
Parès (L.), Tautavel.
Raizon (Esprit), Vergèze.
Rouquairol (Gustave), Saint-Geniès-des-Mourgues.
Salles (Noël), Bédarieux.
Sarmet-Germain, Baho.
Trinquelage (Baronne de), Nîmes.
Vidal (Georges), Saint-Georges.
Vilar (Léon), Laroque-des-Albères.
Vitalis (Alexandre), Grandmont.

Médailles de bronze.

Chassant (Maurice), Saint-Félix-de-Lodez.
Degraves, Félines.
Ferlus frères, Tourbes.
Gouneaud, Aspiran.
Ladrat (Frédéric), Pont-Saint-Esprit.

MAZOYER (Louis), Montpellier.
MOURIER (Léopold), Le Cailar.
RIBAUT FRÈRES, Carcassonne.
RIEUX (Emile), Marseillan.
ROUVIÈRE (Louis), Montfrin.
SERVEL (Victor), Montpellier.
SERVENT (Paul), Aspiran.
SURJUS (Cambell), Argelès-sur-Mer.
TOURTOULON (Baronne de), Valensole.

Mentions honorables.

ALLARY, Carcassonne.
MIAUTON ET Cie, Argeliès.
PASCAL (Augustin), Gruissan.

EXPOSITION DE RAISINS. — Le Comité régional du Midi ne s'en était pas tenu à faire connaître les vins méridionaux, il avait voulu aussi faire apprécier les raisins de table de cette région et, au moment propice, il a organisé une exposition temporaire avec le concours de M. Alfred Maroger, de Nîmes, promoteur de l'idée. Cette exposition collective a obtenu la plus haute récompense : un Grand prix. Les raisins présentés par l'Ecole Nationale d'Agriculture de Montpellier et ceux de la collection de M. Richter ont eu chacun un diplôme d'honneur. Le Comité a présenté au sujet du commerce des raisins en Angleterre les observations ci-dessous :

Il ne faudrait toutefois pas conclure qu'il n'y a qu'à envoyer des raisins en Angleterre, en Allemagne, ou ailleurs pour en tirer un bon parti. Ce qui seul peut procurer d'heureux résultats, c'est de n'expédier que de très beaux raisins, bien mûrs et bien emballés, susceptibles d'arriver dans un état parfait de présentation et dans la mesure comme quantité que comporte chaque marché ; surtout de ne faire guère (comme tous les autres produits du sol : vin, blé, etc.) que des ventes fermes, prises et payables au comptant en gare de départ ; car alors les destinataires sont les premiers intéressés au maintien des prix ; tandis que depuis quelques années nous voyons surtout de graves déboires et de véritables ruines pour les expéditeurs de raisins, parce qu'ils envoient, à tout hasard et à l'aventure, des quantités quelquefois décuples de ce qu'un marché peut absorber ou des raisins insuffisamment mûrs ou bien imparfaitement emballés. Ils n'ont dès lors point de valeur réelle à leur arrivée et ils déterminent non seulement la déconsidération du raisin français, mais très souvent des prix de vente si misérables qu'ils ne couvrent pas même les frais de cueillette, emballage, expédition, transport, commission et autres ; ils ruinent les expéditeurs imprudents ou mal avisés.

Ces justes critiques pourraient bien s'adresser aussi, dans une certaine mesure, à nombre de producteurs qui envoient des wagons complets de leurs vins sur des centres de consommation, sans savoir comment ils seront vendus. Ils contribuent ainsi à l'avilissement des cours.

9me RÉGION

Corse.

La *neuvième région* était la Corse, pour laquelle une exposition spéciale avait été organisée. Elle contenait une collection de vins et d'eaux-de-vie de vins montrant bien les différents caractères des produits de l'île. Ceux du cap Corse, d'Ajaccio, de Sartène ont une bonne tenue ; les uns sont destinés à la table, d'autres aux coupages. Ces derniers ont plus de chance de réussite, ils sont chauds à la bouche, forts en alcool, en couleur et en tanin.

Les récompenses décernées à la Corse ont été les suivantes :

Diplômes d'honneur.

Landry, Calvi.
Pugliesi-Conti (de), Ajaccio.

Médailles d'or.

Capifuli, Calvi.
Clavel et Caritoux, Ajaccio.
Gilormini frères, Patrimonio.

Médailles d'argent.

Avenir Agricole (L'), Sartène.
Bianchetti, Ajaccio.
Carasaccia Coteau, Corse.
Guiderdoni, Calcatoggio.
Lacrenzi (Joseph), Ponticchio.
Melgrani, Cutelli.
Meyer (J.), Ajaccio.
Santini (Joseph), Appietto.

Médailles de bronze.

Beverini, Ajaccio.
Campi (Eugène), Ajaccio.
Campi (J.), Ajaccio.
Lorenzi (Félicien), Ponticchio.
Muzio-Olivi, l'Ile-Rousse.
Vernini, Ajaccio.

Mentions honorables.

Beveraggi, Ajaccio.
Giordani (Dr), Ajaccio.
Lucca (de), Ajaccio.
Storti, l'Ile-Rousse.
Vincenti (Dr), Ajaccio.

VINS D'ALGÉRIE

Contrairement à l'habitude, les vins de notre Colonie algérienne n'ont pas figuré dans la Classe 60 de la Section française. Ces vins ont été examinés en même temps que les autres produits d'Algérie.

Nous regrettons de ne pouvoir rien dire ici des bonnes qualités spéciales de ces vins, que nous avons eu mainte fois l'occasion d'apprécier précédemment en de multiples circonstances.

SECTION ANGLAISE

Vins des Colonies et de l'Empire Britannique.

L'Exposition Franco-Britannique comprenait, comme son nom l'indique, les produits de la France et de la Grande-Bretagne et en même temps ceux de leurs Colonies respectives.

L'Angleterre ne récolte pas de vins, mais quelques-unes de ses colonies cultivent la vigne et l'Australie, notamment, a une production vinicole de quelqu'intérêt. Cette grande île, ou plutôt ce continent, n'avait pas manqué d'envoyer à Londres de nombreux spécimens de ses vins; de même avaient fait le Canada et la

Nouvelle-Zélande qui n'ont que des vignobles naissants. Il semblait donc que le Jury mixte franco-anglais qui avait dégusté et récompensé les vins français dut opérer de la même façon pour les vins des colonies anglaises. Il n'en a pas été ainsi cependant, et cela pour une raison de la plus haute importance pour le commerce français, celle de la non application rigoureuse de la Convention de Madrid en ce qui concerne les appellations. Nous revenons sur cette question dans un chapitre spécial qu'on trouvera plus loin.

Il n'est pas possible de faire un rapprochement ou une comparaison avec les vins exposés par les colonies anglaises. Nous avons signalé d'ailleurs que les jurés français s'étaient refusés à les déguster à cause de leurs fausses dénominations. Mais au surplus leurs qualités ne peuvent rivaliser avec nos produits. Il ne sera pas sans intérêt, à cet égard, de donner ici la traduction d'un extrait du rapport des jurés anglais, rapport signé de MM. Charles R. Haig, vice-président ; H. O. Yeatman, secrétaire, et Francis Webster, rapporteur.

Après avoir mentionné l'incident des étiquettes que nous venons de signaler, le document poursuit :

Nous saisissons l'occasion pour mentionner ici que, dans bien des cas, non seulement nos frères coloniaux empruntent les noms qu'ils donnent à leurs vins aux régions les plus réputées des vignobles européens, mais qu'ils cherchent à tenter l'impossible en essayant d'imiter tous les vins d'Europe, et ceci dans la même localité, voire quelquefois dans les limites de quelques vignobles contigus.

Nous exprimons l'opinion que ces tentatives sont contraires à la possibilité d'obtenir de bons résultats, par suite du climat et du sol particuliers à chaque parcelle de terre.

Nous savons parfaitement, du reste, que non seulement les autorités locales, par leurs conseils et avis, condamnent en théorie ce désir de vouloir viser trop haut, mais encore qu'un grand nombre de viticulteurs sont pratiquement opposés à un tel système.

Nous mêmes, nous avons cherché à développer semblable sentiment à cet égard. Dans tous les cas nous nous sommes rencontrés dans nos appréciations, et les concurrents qui ont conquis nos suffrages sont ceux dont les efforts ont été dirigés vers la production des vins de même nature, et non ceux qui, par exemple, ont entrepris la tâche inadmissible de produire dans un district limité des vins aussi différents que le Porto et le Hock.

Nous devons mentionner, en confirmation de cette opinion, qu'en Nouvelle-Zélande, les petits débuts de la culture de la vigne montrent qu'on cherche à se rapprocher des clarets du Bordelais comme légèreté et délicatesse, bien que naturellement les vins de cette colonie soient encore bien loin derrière ceux de la Gironde.

Il nous faut mentionner ici que nous avons goûté tous ces vins sans nous préoccuper de leurs appellations conventionnelles et que, pour chacun d'eux, les exposants ont eu tous la même attention de la part du Jury.

Les viticulteurs australiens ont fait de grands progrès dans la vinification, grâce aux soins qu'ils donnent à leurs vins ; nous sommes heureux de le mentionner, bien que beaucoup de ceux exposés aient été mal abrités avant de nous être soumis. Nous nous plaisons à reconnaître qu'un seul échantillon était malade.

Qu'il nous soit permis de signaler que les producteurs d'Australie nous ont montré quelques spécimens remarquables de vins blancs, et nous espérons que leur attention sera attirée particulièrement sur ce fait, qui pour nous est le plus saillant.

Les vins des Colonies anglaises étaient exposés dans les pavillons spéciaux de l'Australie, de la Nouvelle-Zélande, et du Canada, où se trouvaient disposées de nombreuses bouteilles portant des noms de tous les vignobles européens : Bordeaux (Clarets), Bourgogne Champagne et Porto, Madère, Moselle, Hock, etc., etc.

Il ne sera pas inutile de noter que, dans l'ensemble, l'Australie occupe la cinquième place dans la liste des pays importateurs de vins dans le Royaume-Uni, ainsi qu'il résulte de l'examen du tableau ci-après, où ont été consignés les chiffres de l'année 1906 :

France	4.104.551	gallons ou	186.551	hectos.
Portugal.	3.700.018	—	168.165	—
Espagne	2.790.596	—	126.832	—
Allemagne	838.738	—	38.120	—
Australie	626.620	—	28.479	—

La culture de la vigne a pris en Australie, durant ces dix dernières années, une extension très notable, à la faveur des améliorations culturales et des efforts faits par les producteurs eux-mêmes, qui n'ont pas hésité à recourir à de puissants groupements pour développer leurs débouchés. Les progrès se sont surtout manifestés dans les procédés de vinification, et si l'Australie n'est pas encore parvenue à réaliser des vins de cru capables d'atteindre des prix élevés, du moins elle a obtenu des résultats très remarquables au point de vue de la qualité.

Les statistiques officielles attestent de grands progrès dans le sud de l'Australie. Les dernières vendanges ont produit 3,132,247 gallons de vin, soit une augmentation de 1,070,260 gallons sur l'année précédente. Les vins conservés dans les chais représentent 5,081,660 gallons, soit une augmentation de 4,400,038 gallons comparativement au stock qui existait l'année

Exposition anglaise. — Stand W. et A. Gilbey.

précédente. Quant aux exportations de vin, elles se montent à 760,526 gallons, soit une augmentation de 30,000 gallons environ. On estime que tous ces chiffres constituent, dans la production vinicole de l'Australie, de véritables maxima, quant à présent tout au moins.

La grande maison W. et A. Gilbey, de Londres, en dehors des vins d'Australie, avait exposé ceux de sa propriété de la Gironde : le Château Loudenne. Elle montrait, dans l'une des galeries de la section anglaise, une vue intéressante de ce château entouré de vignes et une jolie reproduction, que nous publions ci-contre, d'un chariot à bœufs girondins transportant vendange et vendangeurs.

Voici, pour mémoire seulement, puisque les jurés français n'ont pas participé à leur attribution, les récompenses accordées par les jurés anglais aux exposants de la Section britannique :

Grands Prix.

P. B. Burgoyne & Co., Ltd.
Buring & Sobels.
Cholmondeley & Bosanquet.
W. & A. Gilbey, Ltd., Australian Wine « Rubicon ».
W. & A. Gilbey, Ltd., Château Loudenne Claret.
Hans Irvine & Co.
The Australian Wine Company (Emu Brand)
The Chateaux Tahbilk Proprietary, Ltd.

Médailles d'Or.

Agricultural Bureau.
D. J. Childs.
John E. Fells & Sons.
C. W. Ferguson.
Graham Bros. Proprietary, Ltd.
Harbottle, Alsop & Co
T. Hardy & Son
H. J. Lindeman.
Penfold & Co.
F. & C. Please.

St. David's Wine Grower's Company.
B. Seppelt.
S. Smith.
Tolley, Scott & Tolley.
The Mata Vineyard, Hawkes Bay.
The New Zealand (Dept. of Agriculture) Government.
Victorian Associated Vineyards.
Yeringa Vineyard Company.

Médailles d'Argent.

Auldana, Ltd.
Coorinja
Dr. Thomas Fisaschi.
Fournier & Fournier.
E. Holm.
Horn & Co.
Hans Irvine & Co.
Joshua Bros.
L. Kitz & Sons Proprietary, Ltd.
Koala Brand (John E. Fells & Sons).
Martin Stonyfell.
Pelee Island Wine Company.
G. de Pury, Yeringberg Vineyard.
Santa Rosa.
B. Seppelt.
The Hunter Valley Distillery Company, Ltd.
Walter Reynell.

Médailles de Bronze.

James Angus & Sons.
Ebidcoul.
Horn & Co, Herndale.
Walter Reynell.
G. Sutherland Smith & Sons.
Victoria Government, Dookie Agricultural College.

Mention honorable.

Charles Brache & Son.

Interprétation de la Convention de Madrid

Au moment où les jurés français s'apprêtaient à déguster les vins australiens, ils s'aperçurent que les bouteilles les contenant portaient des étiquettes à noms de crus français, suivis de la mention du pays d'origine, ainsi : « Australian Burgundy », « Australian Champagne », etc., etc. Nos jurés protestèrent contre cette usurpation d'appellation, ajoutant que le Comité français n'avait pas toléré, dans les Expositions antérieures, ces dénominations erronées et que justement, à Londres même, M. Tricoche, Délégué général du groupe de l'Alimentation, avait fait supprimer dans des vitrines de la Section française quelques bouteilles étiquetées « Malaga de France », conformément à l'interprétation de l'article 4 de la Convention de Madrid et comme cela avait déjà eu lieu à Paris en 1900, à Saint-Louis, à Liège, à Milan, etc., où les jurés français avaient demandé et obtenu le retrait des étiquettes inexactes.

Les jurés anglais répondirent que dans leur pays l'interprétation de l'article 4 de la Convention de Madrid n'était pas la même qu'en France et que la douane anglaise acceptait les produits imités pourvu que le pays d'origine fût nettement indiqué sur les récipients.

Cet incident donna lieu à la rédaction d'un procès-verbal dont voici le texte élaboré par MM. Kester, Turpin, Mandeix et Jean Calvet pour les jurés français et MM. Haig et Yeatman pour les jurés anglais.

Délibération du Jury de la Classe 60 à l'Exposition Franco-Britannique de Londres 1908.

Appelés à nous joindre à nos collègues anglais pour examiner les produits viticoles des colonies britanniques, nous avons nommé le 24 juin une délégation qui, sous la direction de M. Jean Calvet, s'est rendue à 2 heures le même jour au Pavillon de l'Australie.

Dès le premier examen de l'extérieur des échantillons exposés, la question de principe du respect de la Convention de Madrid, notamment de l'article 4, s'est trouvée posée.

En effet, la majeure partie des vins présentés portaient des indications, selon notre opinion, pouvant induire en erreur la clientèle sur l'origine des produits ainsi dénommés.

Les jurés français en ont alors référé à leurs présidents, MM. Kester, Turpin et Mandeix.

Ceux-ci se rendant près du Jury britannique ont basé leur discussion sur la thèse soutenue par la France dans toutes les Expositions universelles depuis 1900, thèse qui a été consacrée dans les ordres du jour formels, adoptés par des jurys internationaux, notamment à Paris 1900, Saint-Louis 1904, Liège 1905, Milan 1906, Bordeaux 1907.

Ces ordres du jour peuvent se résumer dans la motion suivante :

« Que, dans un but de loyauté commerciale, également chère à tous les pays, l'examen des marques fausses et des appellations géographiques non justifiées et propres à induire le public en erreur, soit strictement abandonné ».

Les jurés anglais, présidés par M. Haig, sans contester les principes de la Convention, mais basant leur attitude sur la jurisprudence intérieure britannique, et les déclarations des Puissances signataires de la Convention à Bruxelles en 1897, se sont refusés à y voir une atteinte dans le fait de présenter, par exemple, un « Australian Burgundy », soutenant que l'interprétation de la Convention dans leur pays, leur permettait l'emploi de certains noms régionaux en les faisant suivre ou précéder d'une indication donnant le lieu exact d'origine.

Il nous était impossible d'admettre cette interprétation.

Désireux de témoigner de notre parfaite bonne volonté vis-à-vis de nos collègues d'Angleterre, nous leur avons proposé une solution amiable :

Celle de prendre l'engagement de ne plus se servir dans l'avenir d'appellations erronées.

A cette condition, nous aurions consenti à examiner conjointement les produits exposés.

Après discussion, M. Haig, au nom de ses collègues britanniques, a déclaré ne pouvoir prendre un tel engagement.

En conséquence, il nous était impossible de continuer les opérations, c'est-à-dire d'examiner les produits que nous considérions n'être pas présentés sous leur véritable dénomination.

Nous nous sommes alors retirés, présentant nos regrets à nos collègues d'être obligés, par notre jurisprudence et nos traditions, à prendre cette détermination.

Ce texte français a été traduit en anglais et la traduction, faite comme suit, a été approuvée par Lord Blyth et MM. Ch.-R. Haig et Harry-O. Yeatman.

Conference of the Jury of Class 60.

Called upon to join our British colleagues in examining the viticultural products of the British Colonies, we appointed, on the 24th June, a delegation, which, under the direction of M. Jean Calvet, proceeded at two o'clock the same day to the Australian building.

At the first examination of the exterior of the samples exhibited, the question of principle, in respect of the Convention of Madrid, notably Article 4, came to the front.

The major part of the wines submitted bore indications which, in our opinion, might mislead buyers as to the origin so denominated.

The French jurors, therefore, referred the matter to their Presidents : MM. Kester, Turpin, and Mandeix.

These gentlemen, returning to confer with the British jurors, based their contention on the thesis maintained by France at all the Universal Exhibitions since 1900 — a thesis which had been embodied in the formal orders of the day, adopted by the International juries. Paris 1900, St. Louis 1904, Liège 1905, Milan 1906, Bordeaux 1907.

These orders of the day may be summed up in the following resolution :

« That with a view to commercial loyalty dear to every country, the examination of articles bearing false marks, and geographical descriptions which are not justified and which are calculated to lead the public into error, should be strictly abandoned. »

The British jury, of which Mr. Haig was chairman, without contesting the principle of the Convention, and, basing their attitude on the internal jurisprudence of Great Britain, and on the declarations by the British representatives at Brussels in 1897, refused to see a violation of the Convention in the fact of the submission, for example, of an « Australian Burgundy », maintaining that the interpretation of the Convention in the country permitted them to employ certain regional names, followed by an indication giving the real place of origin.

It is impossible for us to admit this interpretation.

Desiring to testify our entire goodwill with our British colleagues, we proposed them an amicable solution, viz :

To take from them an undertaking that no use would be made in the future of erroneous appellations. On this condition we should have accepted to examine co-jointly the exhibits.

After discussion, Mr. Haig, with his British colleagues, declared that no such engagement was possible.

It was in consequence impossible to continue the work, that is, to examine the products which we considered were not exhibited under their proper descriptions.

We therefore withdrew, expressing the regret to our colleagues to be obliged by our jurisprudence and by our traditions to come to this determination.

The above is a correct translation of the memorandum of the proceedings between the two Juries.

(*Signed*) BLYTH.
CHARLES R. HAIG.
HARRY O. YEATMAN.

Nos confrères anglais ne seraient pas éloignés cependant d'adopter la manière de voir française. En effet, à la suite de la traduction anglaise ci-dessus, traduction certifiée conforme au texte français par Lord Blyth et MM. Charles R. Haig et Harry O. Yeatman, le rapport du Jury anglais contient sur les vins d'Australie les observations suivantes que nous traduisons du texte original :

Nous savons parfaitement que l'adoption de noms européens n'avait d'autre but que d'indiquer au consommateur le type ou la nature du vin dont les simples mots « rouge » ou « blanc » ou même des noms locaux de vignobles ne lui auraient rien dit, lorsque les produits de nos possessions se sont présentés pour la première fois sur le marché. Mais, à notre avis, les crus des régions vinicoles de nos colonies établiraient et soutiendraient mieux aujourd'hui leur réputation sur les marchés du monde, si leurs vins se trouvaient définis et appréciés sous la propre dénomination de leurs districts d'origine, pour lesquels ils pourraient alors réclamer un droit exclusif d'appellation.

Ces lignes sont signées, pour le Jury anglais, des noms de MM. Charles R. Haig, vice-président; Harry O. Yeatman, secrétaire, et Francis Webster, rapporteur. Leur importance ne saurait nous échapper, car la France ne demande qu'une chose, c'est que chaque pays puisse réclamer des autres, avec chance de succès, le droit exclusif aux appellations de crus et de régions viticoles. Dès lors, puisque les jurés anglais conseillent à leurs amis coloniaux d'adopter ce principe, il faut espérer qu'ils joindront leurs efforts aux nôtres pour faire triompher en Angleterre notre interprétation de l'article 4 de la Convention de Madrid.

Cet incident a été signalé à l'attention du Comité français des Expositions à l'Etranger par son trésorier, l'honorable M. Kester, délégué pour organiser et diriger les opérations du Jury des Classes 60, 61 et 62. Il a fait l'objet de la délibération suivante en Conseil de direction du Comité, dans la séance tenue le 1er juillet 1908 à Paris sous la présidence de M. Emile Dupont, sénateur, président :

M. Kester ajoute qu'un important incident a été soulevé pour les marques d'origine.

Il rappelle que dans les Expositions antérieures, notamment en 1900, il avait été décidé que les exposants d'un pays qui sur leurs produits se serviraient de marques d'origine étrangère, telles que : Cognac, Bordeaux, Bourgogne, etc., se trouveraient exclus du concours.

Or, à l'Exposition Franco-Britannique de Londres, le jury de la Classe des Vins se trouvait en présence de vins « australiens » portant la marque « Bourgogne ». Les Anglais n'ont point admis la jurisprudence établie antérieurement et le Jury français tout entier a protesté : cette protestation a fait l'objet d'un procès-verbal spécial qui a été signé, non seulement par les jurés français, mais par les jurés anglais.

M. Sandoz souligne la gravité du cas et déclare qu'il n'est pas possible que des récompenses soient attribuées aux exposants australiens qui se sont servis de la marque « Bourgogne ».

M. Emile Dupont est d'avis que les termes du procès-verbal dont il est question ci-dessus soient soumis à l'examen d'un membre du Conseil juridique du Comité. Il déclare qu'au Jury supérieur, les représentants français devront s'opposer à l'attribution des récompenses aux exposants anglais ayant usurpé des marques françaises.

Me Claude Couhin, avocat à la Cour d'appel de Paris, Conseil juridique du Comité, consulté sur la question a donné son avis dans les termes ci-dessous :

AVIS

Le soussigné, avocat à la Cour d'appel de Paris, président des Comités consultatifs de l'Union des Fabricants pour la protection internationale de la propriété industrielle et artistique, membre du Conseil judiciaire du Comité français des Expositions à l'étranger, officier de la Légion d'honneur ;

Consulté par M. Emile Dupont, président du Comité français des Expositions à l'étranger, sur la question de savoir quel est le caractère exact des dénominations de « Bordeaux de Californie », « Bourgogne d'Australie » ou de leurs traductions anglaises : « Californian Bordeaux », « Australian Burgundy », et autres désignations analogues ;

Vu l'arrangement de Madrid du 14 avril 1891 concernant la répression des fausses indications de provenance ;

Vu la délibération du Jury de la Classe 60 à l'Exposition Franco-Britannique de Londres du 27 juin 1908 ;

Vu l'extrait (relatif à l'incident concernant les marques d'origine) du procès-verbal de la séance du Conseil de direction du Comité français du 1er juillet 1908 ;

Attendu qu'au nombre des Gouvernements qui ont signé l'arrangement de Madrid précité figurent les Gouvernements de la France et de la Grande-Bretagne ;

Attendu qu'aux termes de l'article 1er dudit arrangement : « Tout produit portant une fausse indication de provenance dans laquelle un des Etats contractants, ou un lieu situé dans l'un d'entre eux, serait, directement ou indirectement, indiqué comme pays ou comme lieu d'origine, sera saisi à l'importation dans chacun desdits Etats.

« La saisie pourra aussi s'effectuer dans l'Etat où la fausse indication de provenance aura été apposée, ou dans celui où il aura été introduit le produit muni de cette fausse indication.

« Si la législation d'un Etat n'admet pas la saisie à l'importation, cette saisie sera remplacée par la prohibition d'importation.

« Si la législation d'un Etat n'admet pas la saisie à l'intérieur, cette saisie sera remplacée par les actions et moyens que la loi de cet Etat assure en pareil cas aux nationaux ».

Que l'article 4 ajoute :

« Les tribunaux de chaque pays auront à décider quelles sont les appella-
« tions qui, à raison de leur caractère générique, échappent aux dispositions
« du présent arrangement, *les appellations régionales de provenances des pro-*
« *duits vinicoles n'étant cependant pas comprises dans la réserve statuée par cet*
« *article* ».

Attendu que ces dispositions sont claires et formelles ;

Qu'il en ressort, manifestement et indiscutablement, savoir :

1° Que les dénominations de « Bordeaux de Californie » ou « Californian Bordeaux », de « Bourgogne d'Australie » ou « Australian Burgundy » (et toutes autres désignations analogues) tombent sous l'application de l'art. 1er ;

2° Que les noms de « Bordeaux » et « Bourgogne » étant des « appellations régionales de provenance de produits vinicoles », il n'appartient pas aux tribunaux anglais de décider que ces noms échappent aux dispositions de l'arrangement ;

Qu'en un mot, tout emploi des noms dont il s'agit, en français ou en anglais pour des vins de provenance autre que les régions françaises afférentes est, de toute évidence, prohibé en Angleterre comme en France.

Que l'attitude des jurés français de la Classe 60 à l'Exposition Franco-Britannique est donc complètement justifiée ;

— Attendu, au surplus et surabondamment, que dans le rapport (actuellement sous presse) de M. Claude Couhin sur le fonctionnement de l'Office national de la propriété industrielle en 1907-1908, on lit, pages 10 et 11 ce qui suit :

« Intervention auprès du Gouvernement anglais pour la répression des
« fausses indications de provenance de produits vinicoles.

« La Commission technique avait émis le vœu que le Gouvernement anglais
« fît cesser l'usage, contraire à l'article 4 de l'arrangement de Madrid, des
« expressions « Bourgogne » ou « Bordeaux de Californie » ou « d'Australie »
« sur le marché anglais.

« Le Gouvernement anglais, à la suite d'une communication qui lui a été
« adressée en ce sens par M. le ministre des Affaires étrangères, et la Cham-
« bre de commerce britannique ont répondu qu'à leur avis il suffisait d'ajou-
« ter aux désignations « Bourgogne » ou « Bordeaux » une indication faisant
« ressortir avec netteté l'origine des vins, comme « Bourgogne Australien »,
« Claret de Californie » pour qu'on ne put plus taxer ces appellations de faus-
« ses indications de provenance.

« La Commission, sur le rapport de M. Georges Maillard, a émis l'avis que « la distinction proposée ne saurait être admise. Les intéressés français n'ont « cessé de s'opposer, dans les congrès internationaux, et notamment à Liège, « à toute modification de l'article 4 de l'arrangement de Madrid à ce sujet. Si « les appellations régionales de provenance des produits vinicoles doivent « toujours conserver le caractère d'indication de provenance, il est impossible « qu'on les emploie pour des produits étrangers à la région, isolément ou avec « une seconde indication. Pourquoi, d'ailleurs, se sert-on des dénominations « Bourgogne d'Australie », ou « Bordeaux de Californie » ? Uniquement dans « le but de profiter de la réputation créée par les crus de Bordeaux et de Bour- « gogne à ces noms de régions. La prohibition de l'article 4 est une prohibition « absolue, il faut lui reconnaître ce caractère, sous peine de rendre la dispo- « sition inutile. C'est ainsi que l'ont toujours comprise les tribunaux français. « qui ont condamné des expressions telles que Madère d'Espagne. »

« La Commission a émis, en même temps, le vœu que la conversation « diplomatique fut poursuivie avec la Grande-Bretagne et qu'on fît valoir « l'intérêt qu'il y aurait pour l'Angleterre à ce que la disposition relative aux « produits vinicoles fût étendue aux produits tirant leur qualité du sol et à ce « que l'interprétation française de l'article 4 fut rigoureusement maintenue, « lors de la prochaine conférence à Washington. Le « charbon de Cardiff », « le « Scotch whisky » resteraient ainsi de véritables produits anglais et les « vraies appellations régionales de provenance garderaient toute leur « valeur. »

Par ces motifs :

Est d'avis :

1° Que les dénominations de « Bordeaux de Californie » ou « Californian Bordeaux », de « Bourgogne d'Australie », ou « Australian Burgundy » et toutes les désignations analogues constituent de fausses indications de provenance réprouvées par l'arrangement de Madrid du 14 avril 1891 ;

2° Que cela est certain et évident, et qu'il importe, dès lors, de rappeler les Anglais, avec la dernière énergie, dans toutes les occasions, au respect de l'accord qu'ils ont librement signé comme la France, et qui fait la loi des deux nations.

Délibéré à Paris, le 29 juillet 1908.

Signé : CLAUDE COUHIN.

Réunions diverses des Jurys.

Malgré l'incident que nous venons de rapporter sur l'interprétation de la Convention de Madrid et qui a eu sa répercussion le 26 juin 1908 à la conférence du Comité international des vins et spiritueux tenue à Cecil Hotel, sous la présidence de M. James Hennessy, député de la Charente (1), les relations entre les jurés français et anglais n'ont jamais cessé d'être des plus cordiales, ainsi qu'en témoignent toutes les réunions et les fêtes données en l'honneur des membres du Jury. C'est dans ces conditions qu'a eu lieu le 26 juin, à Cecil Hotel, un superbe banquet, présidé par M. Wm. C. Lupton, président de la « Wine and Spirit Association », lequel réunissait les membres du Jury, les délégués au Comité international et les membres de l'Association anglaise des vins et spiritueux. A la

---

(1). Dans cette séance, M. Sanchez-Calzadilla, président du Comité international, a fait une magistrale conférence sur cette importante question de la Convention de Madrid et s'est efforcé de démontrer la nécessité de la « reviser » afin d'en rendre l'application uniforme pour tous les pays signataires et d'amener l'adhésion des autres nations. Le débat auquel ont pris part les délégués de l'Espagne, de l'Angleterre, du Portugal, de l'Italie et de la France, a été assez vif parfois, chacun essayant de faire aboutir sa manière de voir. M. Gérald, député de la Charente; s'est prononcé contre la révision, de même que M. Chaumet, député de la Gironde. M. Haig, représentant l'Angleterre, a défendu la façon dont les tribunaux de son pays appliquent la Convention. M. Ranieri-Pini, délégué de l'Italie, a indiqué le mode italien admettant par exemple l'appellation « Spumante uso Champagne ». Il a réclamé, en outre, toute liberté pour le mot « cognac », qui suivant lui, est maintenant un terme générique. Des protestations se sont naturellement élevées du côté des Charentais, des Champenois et de la plupart des délégués français.

Après une série de déclarations de MM. Sanchez-Calzadilla, Vivier, Chaumet, Turpin, Lignon, Pablo Diez, Cazalis, etc., divers ordres du jour ont été présentés et, à la suite d'un accord intervenu entre les représentants de chaque pays, on a adopté une motion ainsi conçue :

« La Conférence, réunie à Londres, le 26 juin 1908, sur l'initiative du Comité international, affirmant son intention de maintenir les dispositions positives de la Convention de Madrid :

« Émet le vœu qu'une Commission internationale d'arbitrage soit chargée de régler l'application de l'extension desdits principes aux produits naturels du sol et à ceux tirant leurs qualités caractéristiques du sol et du climat. »

Ainsi tous les pays, puisqu'il ne s'agit plus seulement des vins et des spiritueux visés à l'article 4 de la Convention, auraient intérêt à faire respecter chez eux les appellations de chacun, puisqu'ils seraient sûrs, en retour, d'avoir toute garantie au dehors pour n'importe quel produit de leur propre sol.

table d'honneur se trouvaient Lord Blyth, président d'honneur du Jury, MM. Kester, Turpin, Estieu, Chaumet, G. Gérald, Mandeix, Bardin, Lignon, Dumont, Sanchez-Calzadilla, le marquis de Villalobar, ambassadeur d'Espagne, Lovibond, etc. M. Harismandy représentait l'ambassade de France.

Parmi les discours, celui prononcé en français par M. Lupton, président de la « Wine and Spirit Association », a eu un grand retentissement. Après avoir souhaité la bienvenue aux invités, l'orateur s'est exprimé ainsi :

Il y a deux points importants qui nous concernent et dont je crois pouvoir parler sans être trop audacieux : ils se rapportent au caractère international de notre commerce et à la mutualité d'intérêts qui existe entre les membres qui en font partie.

De même que les branches les plus éloignées du tronc, comme les plus hautes, reçoivent la même sève par l'arbre qui les porte, ainsi nous, qui nous occupons du commerce du vin, tant dans sa préparation que dans son placement, nous sommes tenus, pour la prospérité de ce commerce, d'en reconnaître les liens étroits.

Il n'y a pas de commerce qui ait pu longtemps prospérer si ses représentants ont, par négligence, volontairement fermé les yeux sur ce principe que l'intérêt personnel est tout à fait compatible avec l'intérêt général.

Dans les vins comme dans tout autre commerce, les affaires sont les affaires — *business is business* — et chacun de nous a le droit comme le devoir de faire pour lui-même tout ce que le cours des choses lui permet. Il ne faudrait cependant pas croire que notre intérêt particulier dût nous rendre indifférents au succès de nos confrères, car en somme, et c'est mon expérience de quarante-cinq ans qui parle, il est incontestable que notre bien personnel sera toujours en rapport direct avec celui de nos confrères.

Vignerons, expéditeurs ou marchands, nous avons tous des intérêts communs, aussi bien qu'individuels ; nous avons tous des ennemis communs aussi bien que privés.

Il y a quelques années, vous avez eu, en France, à subir les ravages d'un ennemi particulièrement actif : le Phylloxéra. Vous l'avez combattu avec toutes les ressources de la science, avec cette énergie et cette détermination qui caractérisent, depuis des siècles, le peuple français, et, toutes grandes qu'étaient les difficultés, vous avez su les surmonter.

Dans notre pays, Messieurs, nous avons aujourd'hui, nous marchands, notre fléau qui étend ses ravages sur notre commerce comme le phylloxéra autrefois sur vos vignes ; cet autre genre d'ennemi à qui nous avons à faire, c'est le fraudeur, le commerçant illicite.

Vous savez que malgré tout le plaisir que nous aurions eu à vous venir en aide dans votre lutte contre le phylloxéra, nous sommes restés impuissants à vous prêter main-forte, mais vous, nos collègues français, vous pouvez nous être d'un grand secours dans le combat que nous poursuivons contre le fraudeur et nous réclamons votre assistance au nom de ce même commerce honnête et légitime que tous nous exerçons.

De notre côté, nous avons toujours combiné nos efforts et nous ne cesserons de les combiner qu'après extinction complète de ce fléau, si préjudiciable à notre commerce, et si vous voulez bien nous aider, comme il vous est facile de le faire, ce fraudeur, cet écrémeur des profits en aura fini avec ses scandaleuses opérations et disparaîtra de notre honorable compagnie comme le phylloxéra a été vaincu chez vous, en France.

Il est certain qu'il existe en Angleterre, comme d'ailleurs dans beaucoup d'autres pays, des fraudeurs de tous genres, contre lesquels on ne saurait trop prendre de sévères mesures de défense, et, à cet égard, l'appel fait par M. Lupton à la coopération des commerçants français, qui ont tant à gagner à la protection de leurs marques à l'étranger, ne peut les laisser indifférents. C'est ce qui a, du reste, motivé la discussion ouverte au Congrès au sujet de la Convention de Madrid et aussi le refus par les jurés français de déguster des vins ou des spiritueux incorrectement désignés dans les pavillons des colonies anglaises. Il ne faudra pas oublier que des jurés anglais se sont associés aux protestations des jurés français lorsque ceux-ci ont rencontré des produits français inexactement étiquetés. Ces produits étaient en fort petit nombre, mais c'est là un point intéressant à retenir, il pourra servir d'exemple aux jurés internationaux pour l'avenir.

M. Chaumet, député de la Gironde, a relevé également, dans le beau discours qu'il a prononcé à la suite de celui de M. Lupton, l'importance qu'on doit attacher à la « probité commerciale qui fait la prospérité des maisons et des peuples. » Il a réclamé avec énergie l'application de la Convention de Madrid, dans la forme la plus stricte, « le respect des idées conduisant au respect des peuples entre eux. »

Disons encore que l'honorable député, à la parole chaude et vibrante, a obtenu un réel succès en demandant aux négociants en vins et spiritueux de tous les pays de s'unir contre les abstinents et les médecins : « Il faut user du vin sans en abuser et, vous, commerçants anglais, vendez-en beaucoup, vendez surtout du vin de France. » M. Chaumet a parlé également des avantages du libre-échange et a formulé des souhaits pour la réduction des droits de douane, avec conclusion d'un traité de commerce à long terme entre la France et l'Angleterre.

Les allocutions de Lord Blyth, de MM. Kester, Parkington et Hennessy, toutes empreintes des mêmes sentiments de cordialité et d'espérance pour l'avenir, ont été accueillies de la façon la plus chaleureuse.

JURY SUPÉREUR

A la suite de l'attribution des récompenses, le jury supérieur provisoire nommé par le Comité exécutif de l'Exposition a tenu le 28 juin une réunion dont voici le procès-verbal :

Réunion du Jury supérieur provisoire, nommé par le Comité exécutif de l'Exposition Franco-Britannique.

Séance du 27 juin 1908, sous la présidence de Lord Selby, président du Comité exécutif, assisté de M. Imre Kiralfy, commissaire général.

Sont présents : MM. Kester, trésorier du Comité général français ; Lord Blyth, président du Comité d'organisation ; Turpin, président du Groupe X ; Sir John Cockburn, vice-président du Comité exécutif ; Maurice Estieu, délégué général du Comité français ; Lupton, président de la « Wine and Spirit trades Association » ; André Mandeix, président de la Classe 60 ; M. Ch. Kiralfy, commissaire général adjoint ; Ch.-E. Whelon, rapporteur de la Classe 61 ; A. M. Desmoulins, rapporteur général adjoint de la Classe 60 ; R. Knowles Perkins, Charles Haig, jurés délégués.

Lord Selby ouvre la séance à 10 h. 1/2 du matin. Il souhaite la bienvenue aux présidents et aux rapporteurs des Classes et expose le but de la réunion, qui est de se mettre d'accord sur les diverses propositions des classes 60, 61 et 62 (vins, eau-de-vie, liqueurs, cidres, bières et eaux minérales), dont les Jurys ont fonctionné du lundi 22 au vendredi 26 juin. Il félicite en termes chaleureux les jurés anglais et français du long travail qu'ils ont accompli et qui ne peut avoir que des résultats heureux pour l'avenir des relations entre l'Angleterre et la France, à tous les points de vue.

M. Kester remercie vivement lord Selby de ses paroles affectueuses ; de même que lui il est convaincu que des réunions comme celles qui viennent d'avoir lieu font bien augurer de l'avenir pour le développement des transactions entre les deux pays.

M. André Mandeix fournit alors sur les opérations du Jury de la Classe 60, des explications en ce qui concerne les récompenses attribuées aux exposants et à quelques-uns de leurs collaborateurs. Il remet en même temps la liste de ces récompenses. Relativement aux vins et spiritueux exposés dans la section des colonies anglaises (Australie, Nouvelle Zélande, Canada), M. Mandeix a déposé sur le bureau le texte d'une déclaration dont les termes avaient été préalablement acceptés d'un commun accord par les membres du Jury français et anglais, laissant à ces derniers seuls le soin d'apprécier ces produits.

M. Haig a déposé à son tour, sur le bureau, au nom des jurés anglais, le relevé des récompenses accordées par eux aux vins et spiritueux des colonies anglaises.

M. Kester a demandé ensuite que les exposants des Classes 60, 61 et 62 fussent autorisés à afficher dans leurs vitrines et sur leurs produits, aussitôt que possible, dès le mois prochain, les récompenses qu'ils auront obtenues. Cette motion, appuyée par M. Imre Kiralfy, a été adoptée à l'unanimité.

Le président s'est alors montré très heureux des résultats donnés par cette première réunion du Jury supérieur. La façon courtoise et cordiale dont les questions importantes y ont été étudiées et résolues à la satisfaction de tous est l'indice d'une mutuelle sympathie qui est d'un excellent présage pour l'avenir.

Avant de lever la séance, Lord Selby remercie encore les présidents et les rapporteurs de leur utile et active coopération et exprime toute sa satisfaction au Comité exécutif pour la manière dont les opérations des jurys des Classes 60, 61 et 62 ont été conduites. Il est persuadé que l'exemple amical fourni ainsi par les jurés de ces Classes sera suivi par ceux des autres Classes qui travaillent de la sorte pour la glorification de l'Entente cordiale et de l'Exposition Franco-Britannique.

La séance est levée à midi et demi.

Londres, le 27 juin 1908.

SELBY,
Président du Comité exécutif.

IMRE KIRALFY,
Commissaire général.

A.-M. DESMOULINS,
Secrétaire,
Rapporteur général adjoint de la Classe 60.

Cette réunion consacrait officiellement les opérations du Jury, qui ont été confirmées par la suite par le Jury supérieur définitif.

RELEVÉ DES RÉCOMPENSES

Il résulte des relevés faits pour la Classe 60, que les 1481 exposants, dont 1214 individuels et 257 en dix collectivités que nous signalions au début de ce rapport, ont remporté 1315 récompenses, et que 105 étaient placés Hors Concours par suite des fonctions de membres du Jury ou d'experts qu'ils remplissaient. Il n'y a donc eu que 61 exposants non mentionnés au palmarès.

Les récompenses se sont réparties comme suit :

	Récompenses.		
	COLLECTIVES	INDIVIDUELLES	
Grands prix	227	59	
Diplômes d'honneur.	40	148	
Médailles d'or.	»	327	
— d'argent	»	321	
— de bronze.	»	137	
Mentions honorables.	»	56	
TOTAUX . . .	267	1 048	= 1.315
Hors Concours. . .			105
Non mentionnés . .			61
Total des Exposants. . .			1.481

Nous avons ainsi suivi pas à pas l'organisation de la Classe des vins et eaux-de-vie de vin à l'Exposition Franco-Britannique de Londres et nous avons enregistré, avec le plus vif plaisir, les succès remportés par ses exposants. Nous pouvons bien ajouter maintenant qu'en dehors du mérite évident des produits présentés, ce succès est dû également. d'un côté à la façon dont cette organisation a été conduite par le président de cette Classe, M. Mandeix, par les différents délégués du Groupe de l'Alimentation, MM. Maurice Estieu, Ernest Tricoche, etc.; de l'autre, par le soin qu'ont pris MM. Kester, trésorier du Comité ; Turpin, président du Groupe, et tous leurs collaborateurs, à défendre avec zèle les intérêts dont ils avaient pris la charge.

CONCLUSIONS

Arrivés au terme de notre examen de la Classe 60, nous avons le devoir de rechercher les profits matériels que notre Viticulture et notre Commerce des vins et spiritueux peuvent tirer de cette grande manifestation, dont, nous le répétons, l'effet moral a été aussi satisfaisant qu'on pouvait le souhaiter.

Il ne faut pas oublier qu'en dehors des mouvements de sympathie qui, certainement, ont une importance considérable sur les événements, les nations vivent non seulement d'échanges réciproques de cordialités, mais aussi d'affaires.

En ce qui touche les cordialités, tout est pour le mieux et ce n'est pas sans raison que cette Exposition, qui est venue à son heure, s'est appelée l'Exposition de l' « Entente cordiale ».

Voyons, maintenant, le côté affaires. Les idées protectionnistes qui se sont fait jour depuis plusieurs années, même en Angleterre, le pays du libre-échange ainsi qu'on se plaisait à le répéter jadis, ne sont pas sans nous causer quelques inquiétudes.

A l'occasion de l'Exposition de Londres, le Ministère du Commerce en France a publié, pour les Annales du commerce extérieur, et sous le titre : « Un siècle de commerce entre la France et l'Angleterre », un travail essentiellement instructif où l'éminent et sympathique directeur des Affaires commerciales et industrielles, M. Chapsal, a établi, à l'aide de tableaux et de graphiques, l'état des échanges entre les deux nations. Nous relevons dans les précieux documents ainsi mis au jour les chiffres suivants relatifs à la valeur en francs de nos exportations de vins et d'eaux-de-vie depuis 1787 d'abord, jusqu'en 1801, puis de cinq en cinq ans jusqu'à 1897 et de là d'année en année jusqu'aujourd'hui :

Années.	Vins.	Eaux-de-Vie.
	Francs.	Francs.
1787	5.880.000	7.454.000
1801-02	1.282.000	5.468.000
1812	6.892.000	2.517.000
1817	5.304.000	6.554.000
1821	3.355.000	5.337.000
1827	4.734.000	10.284.000
1832	4.154.000	13.594.000
1837	5.783.000	5.918.000
1842	5.231.000	5.157.000
1847	5.098.000	7.385.000
1852	7.243.000	31.936.000
1857	16.908.000	32.998.000
1862	28.750.000	34.063.000
1867	47.772.000	45.881.000
1872	48.961.000	34.496.000
1877	55.818.000	36.582.000
1882	57.239.000	36.210.000
1887	53.597.000	39.937.000
1892	51.324.000	41.787.000
1897	82.850.000	28.742.000
1898	76.710.000	24.802.000
1899	64.455.000	23.450.000
1900	58.337.000	23.975.000
1901	56.442.000	22.347.000
1902	59.799.000	24.761.000
1903	57.614.000	19.118.000
1904	40.007.000	16.674.000
1905	40.895.000	23.987.000
1906	38.987.000	18.960.000
1907	38.146.000	23.357.000
1908	31.110.000 (1)	18.348.000 (1)
1909	32.673.000 (1)	17.657.000 (1)

(1) Nous avons ajouté ces chiffres qui ne figurent pas dans le relevé de la direction du Ministère du Commerce. (*Note des Rapporteurs*).

Par ce tableau, on peut constater les excellents effets de la doctrine libre-échangiste mise en pratique par le traité de commerce de 1860, abaissant les barrières douanières qui « protégeaient » la France. Les importations anglaises s'accrurent chez nous, mais nos exportations en Angleterre augmentèrent considérablement et atteignirent leur apogée en 1892 pour les vins, et en 1867 pour les eaux-de-vie (époque vers laquelle commencèrent, à peu près, de l'autre côté de la Manche, les campagnes des sociétés de tempérance).

Avant le traité de 1860, nos vins payaient à leur entrée en Angleterre 5 sh. 9 par gallon, soit 7 fr. 20 par 4 litres 54 environ ; à partir de 1860, ils ne furent plus frappés que d'un droit de 1 sh., soit 1 fr. 25, pour les vins en fûts, et 2 sh. 6, soit 3 fr. 10, pour ceux en bouteilles. En 1900, nous sommes obligés de compter sur 1 sh. 3 pour les vins en fûts et sur 3 sh. pour ceux en bouteilles, aussi voyons-nous nos exportations fléchir singulièrement. Sur les spiritueux, augmentation de droits et, pour nous, diminution correspondante de ventes.

Pour les dernières années, les statistiques françaises donnent les chiffres suivants en hectolitres et en francs pour nos exportations de vins et d'eaux-de-vie en Angleterre :

ANNÉES	VINS		EAUX-DE-VIE	
	Hectolitres.	Francs.	Hectolitres.	Francs.
1904	194.539	39.915.300	78.387	15.903.000
1905	201.013	40.823.000	98.240	23.112.000
1906	241.727	39.905.000	84.901	20.671.000
1907	241.795	38.084.000	97.801	22.504.000
1908	188.663	31.110.000	74.804	18.348.000
1909	189.576	32.673.000	72.643	17.657.000

Il y a dans ce tableau, si on le compare avec celui qui précède, quelques petits écarts de milliers de francs ; cela provient des différences d'appréciation de notre Commission des valeurs en douane, mais ne touche en rien aux quantités réellement exportées. On constate bien dès lors que la diminution de nos envois de vins et eaux-de-vie dans le Royaume-Uni ressort d'une façon inquiétante de ces divers relevés établis avec les documents français. Les statistiques anglaises confirment de leur côté ces mêmes fâcheuses différences.

Voici, par exemple, un relevé de la consommation moyenne des vins en Angleterre depuis 1859 :

ANNÉES	DROITS DE DOUANE	QUANTITÉ EN GALLONS	POPULATION
1859	5s. 9d.	7.263.046	28.000 000
1861	1s. à 2s. 6d.	10.787.081	29.000.000
1863	1s. à 2s. 6d.	10.478.000	29.500.000
1872	1s. à 2s. 6d.	16.765.444	31.750.000
1877	1s. à 2s. 6d.	18.671.000	34.000.000
1881	1s. à 2s. 6d.	15.648 295	35.000.000
1885	1s. à 2s. 6d.	13.767.928	36.000.000
1888	1s. à 2s. 6d.	13.417.273	36.750.000
1895	1s. à 2s. 6d.	14.553.456	39.000.000
1899	1s. à 2s. 6d.	16.587.393	40.250.000
1900	1s. 3d. à 3s.	15.816.097	40.500.000
1903	1s. 3d. à 3s.	13.872.444	42 000.000
1905	1s. 3d. à 3s.	11.890.749	43.000.000
1907	1s. 3d. à 3s.	12.278.440	44.000.000
1908	1s. 3d. à 3s.	11.349.873	44.000.000
1909	1s. 3d. à 3d.	11.453.617	44.000.000

Ce tableau permet de constater que, malgré l'augmentation sensible de la population, la consommation du vin depuis 1877 a fléchi de l'autre côté de la Manche. C'est là le fait : 1° de la campagne antialcoolique menée depuis longtemps par les sociétés de tempérance et qui s'est considérablement développée dans tout le Royaume-Uni, voire dans ses colonies, et s'étend maintenant aussi bien aux vins qu'aux alcools de toute nature ; 2° de l'élévation des droits de douane.

Afin de pouvoir comparer l'importance des introductions de vins des différents pays dans la Grande-Bretagne, nous empruntons encore à la statistique anglaise le tableau ci-contre :

Vins et Spiritueux importés en Angleterre

en Barriques et en Bouteilles

PROVENANCES	QUANTITÉS EN GALLONS DE 4 LIT. 54			VALEUR EN LIVRES STERLING		
	1909	1908	1907	1909	1908	1907
VINS NON MOUSSEUX	Gallons.	Gallons.	Gallons.	Livres.	Livres.	Livres.
Allemagne	825.529	900 796	972.269	249.675	244.763	263.944
Hollande	26.625	43.535	60.384	3.952	7.432	9.030
France	3.652.205	3.545.210	4 097.922	1.992.924	1.774.795	2.072.089
Portugal	2 984.617	3.069.534	3.227 098	792.840	827.885	934.883
Madère	33.391	41.956	61.643	13 695	14.881	25.678
Espagne. Rouges	2.141.268	1.828.234	2.063.230	200.268	171.763	200.587
Espagne. Blancs	1.114.439	1.159.098	1.293 923	248.369	252.799	278.673
Italie	294.365	262.486	250.871	50.118	44.648	42 812
Autres pays	290.187	229.973	207.703	34.276	31.094	28.960
Total des pays étrangers	11.362.626	11.080 822	12 235.043	3.586.117	3.370.060	3.856.656
Colonie Sud-Africaine	2.953	7.769	7.235	1.006	3.382	4.359
Australie	873.070	665.426	793.520	145.371	111.839	127.577
Autres possessions anglaises	130.577	123.138	142.935	16.932	17.421	21.741
Total des possessions anglaises	1.006.600	796.333	943.690	163.309	132 642	153.677
Totaux	12.369.226	11.877 155	13.178.733	3.749.426	3.502.702	4.010.333
Vins en fûts	10.752.413	10.383.775	11 496.889	1.924.589	1.893.982	2.154.744
Vins en bouteilles	364.507	370.659	399.060	176.503	181.795	200.752
VINS MOUSSEUX						
Champagne	1.037.473	917.186	1.057.439	1.493.751	1.284.955	1.497.594
Saumur	99.513	98.229	119 693	67.888	62.843	71.279
Bourgogne	11.395	9.738	13.415	10.889	7.649	9.638
Hock	24.413	35.704	42.576	18.730	27.204	32.817
Moselle	66.494	48.166	53.891	51.456	36.657	40.387
Autres pays	13.018	13.698	4.770	8.620	7.617	3.122
Totaux	1.252.306	1.122.721	1.282.784	1.648.334	1.426.925	1.654.837
Totaux des vins en bouteilles	1.616.813	1.493.380	1.681.844	1.824.837	1.608.720	1.855.589
SPIRITUEUX ÉTRANGERS						
Eaux-de-vie de vins	1.439.312	1.732.299	2.343.762	759 653	892.311	1.122.191
Rhums	5.949.324	5.285.972	5.512.017	594.241	415.745	361.001
Autres sortes	1.169.523	805.312	1.037.960	378.486	382.621	370.908
Totaux	8.498.159	7.823.583	8 893.739	1.732.380	1.690.677	1.854 100

Sur ces quantités importées dans le Royaume-Uni, il a été exporté :

Vins et Spiritueux exportés d'Angleterre

PROVENANCES	QUANTITÉS EN GALLONS DE 4 LIT. 54			VALEUR EN LIVRES STERLING		
	1909	1908	1907	1909	1908	1907
	Gallons.	Gallons.	Gallons.	Livres.	Livres.	Livres.
VINS						
Vins en fûts	566.587	572.501	659.723	230.359	227.231	260.512
Vins en bouteilles	26.088	26.898	32.809	20.190	19.449	23.414
Champagne	94.429	88.679	105.865	154.131	141.592	172.740
Autres mousseux	4.748	4.655	5.224	3.982	3.567	3.956
Totaux	691.852	692.733	803.621	408.662	391.839	460.622
SPIRITUEUX						
Eaux-de-vie	52.830	62.977	59.391	41.506	44.020	43.258
Rhums	1.112.511	1.073.914	1.131.057	185.885	175.959	169.806
Autres sortes	55.479	42.692	48.710	45.653	48.513	47.036
Mélanges en douane	96.638	113.463	160.801	9.016	10.258	14.593
Totaux	1.317.458	1.293.046	1.399.959	282.060	278.750	274.693

La différence entre les chiffres de gallons indiqués dans les deux tableaux qui précèdent nous donne les quantités consommées dans la Grande-Bretagne :

Consommation des Vins en fûts et en bouteilles

PROVENANCES	1909	1908	1907
	gallons	gallons	gallons
VINS NON MOUSSEUX			
Allemagne	820.931	1.004.651	1.151.555
Hollande	54.041		
France	3.515.601	3.505.129	3.970.952
Portugal	2.791.601	2.868.102	3.073.465
Madère	20.351	19.963	20.805
Espagne { rouge	1.813.548	1.681.880	1.739.296
Espagne { blanc	1.022.040	1.071.694	1.115.471
Italie	275.848	224.825	217.935
Autres pays	256.396	146.872	117.939
Total des pays étrangers	10.570.357	10.523.116	11.416.418
Australie	776.649	730.309	811.736
Autres possessions anglaises	106.611	97.889	116.394
Total des possessions anglaises	883.260	828.198	928.130
Totaux	11.453.617	11.351.314	12.344.548
Vins en fûts	9.908.007	9.942 837	10.825.182
Vins en caisses	325.696	333.075	364.468
VINS MOUSSEUX			
Champagne	1.010.493	875.217	938.580
Saumur	98.675	98.469	107.690
Bourgogne	11.090	9.739	12.027
Hock	23.677	34.523	41.445
Moselle	63.608	47.571	50.936
Autres pays	12.371	9.883	4.220
Total	1.219.914	1.075.402	1.154.898

Ainsi, en 1908, il n'a été consommé en Angleterre que 3.505.129 gallons de vins français en fûts, contre 3.970.952 en 1907, soit une diminution de 465.823 gallons.

Les chiffres ci-dessus font ressortir, pour les vins français environ 30 p. 100 de la consommation totale des vins de toutes sortes (portugais, espagnols, italiens, allemands, australiens, etc.).

Les importations d'eaux-de-vie ont diminué assez sensiblement : de 2.072.864 gallons en 1907, elles fléchissent à 1.963.413 en 1908 et à 1.552.683 en 1909. Si l'on compare les importations de ces produits en 1906 avec celles effectuées en 1908, la diminution est de 121.089 gallons. La consommation de ces eaux-de-vie représente 29,39 p. 100 de la consommation totale des autres spiritueux, contre 30,71 en 1905.

M. Gustave Goerg, conseiller du commerce extérieur de la France, à Reims, dans une communication qu'il a faite à la Chambre de commerce de cette ville, attribue la diminution de la consommation des vins fins et ordinaires non mousseux en Angleterre au mauvais état des affaires en général, au manque de confiance des négociants dans une reprise possible et au malaise créé en Angleterre par la discussion de la loi sur les « licences ».

Pour les vins mousseux, par suite des causes ci-dessus et des stocks encore existants en Angleterre, les négociants anglais n'ont pas acheté autant qu'on l'espérait.

Les vins de Saumur, en 1908, sont en diminution de plus de 9.000 gallons sur 1907, soit près de 10 p. 100 des ventes totales, et ceci est uniquement dû aux effets de la crise commerciale actuelle.

Les ventes de vins de Bourgogne mousseux, en 1908, ont été de 9.739 gallons, en diminution de 3.288 gallons sur 1907.

Pour les cognacs, les produits de 1907 étant plus chers que ceux de 1906, dont il reste encore une grande quantité à vendre et à livrer, il s'est traité peu d'affaires nouvelles et il n'y a guère d'espoir de voir un changement se produire à courte échéance. Les ventes de cognacs en caisses se sont simplement maintenues. L'augmentation de droits dont nos eaux-de-vie sont menacées n'est pas faite pour améliorer la situation, au contraire, et on enregistre de nouveaux fléchissements.

A propos de la diminution observée depuis plusieurs années dans la consommation de nos vins, la Chambre de Commerce française de Londres communiquait déjà en 1907 à la Chambre de Commerce de Bordeaux la note suivante :

Il semble que jamais le moment n'ait mieux été choisi qu'à l'heure présente, pour les maisons de Bordeaux, de faire des sacrifices en réclame judicieuse, de façon à ramener les habitants de ce pays à la consommation de leurs vins. Une cinquantaine de mille francs dépensés annuellement, pendant deux ou trois années, apporteraient, croyons-nous, un remède à l'état actuel des choses, état sans cesse empirant.

Le public anglais se trouve actuellement embarrassé sur ce qu'il doit boire ou ne pas boire. Les révélations sur la qualité douteuse des cognacs et des whiskies à des prix modérés, publiées, à la suite de procès retentissants dans la presse du Royaume-Uni, ont amené une diminution dans la consommation des boissons alcooliques et même leur suppression complète dans certains milieux.

Joint à d'autres causes, le whisky, consommé souvent avec excès, depuis une dizaine d'années, a été un des ennemis les plus sérieux de nos vins de France. Il est manifeste qu'un buveur d'alcool, même à des doses relativement modérées, n'est plus en état d'apprécier nos vins délicats de France ; son palais dépravé par l'alcool lui fait préférer des vins lourds, mélangés de vins exotiques, corsés artificiellement par le vinage.

L'Anglais a oublié le goût du pur vin de Bordeaux, c'est à nous de l'y ramener en lui démontrant, par les moyens de réclame jugés les plus efficaces, que nos vins n'ont jamais été meilleurs, plus sains et plus purs, à des prix à la portée de tous.

La réclame devrait porter, entre autres, sur ces quelques points principaux :

1° L'éducation à refaire du consommateur anglais. Il ne sait plus boire nos vins de Bordeaux et il ne se donne même plus la peine de bien les acheter et d'avoir, comme autrefois, quelques caisses en stock. L'épicier le plus voisin devient le fournisseur des quelques bouteilles dont il a parfois besoin. Il est inutile de faire observer que cette source d'approvisionnement est probablement la plus mauvaise de toutes celles qui sont à sa disposition.

2° La consommation de nos vins de Bordeaux devrait, comme chez nous, être divisée en deux classes : le vin ordinaire, d'une consommation qu'il serait de notre intérêt à rendre quotidienne, et les vins fins, réservés à des occasions spéciales.

3° Les vins dits ordinaires, dont les prix — droits payés — varient de 1 fr. 25 à 2 fr. 50 la bouteille, suivant la position de fortune du consommateur, sont presque toujours bus purs, sans méthode et, très souvent, après de la bière ou d'autres boissons qui en altèrent le goût.

Il faudrait que la réclame pour ce vin portât ce point important : qu'il fût bu, comme en France, aux deux principaux repas du jour et non pur, mais mélangé avec de l'eau, ce mélange des plus hygiéniques donnant à la fois le liquide nécessaire à la bonne digestion des aliments et le stimulant en alcool tout à fait suffisant à la majorité des consommateurs.

Ce mode d'emploi, si nous pouvions le faire adopter, aurait le quadruple avantage :

1° De constituer pour le chef de famille une économie sérieuse ; il ne considérerait plus le vin de Bordeaux comme un article de luxe ;

2° Mélangés avec de l'eau, nos vins pourraient être consommés sans aucun risque par tous les membres de la famille, y compris les femmes et les enfants ;

3° Il décuplerait rapidement l'importation de nos vins moyens dans ce pays ;

4° Il ramènerait le goût du public à nos qualités plus chères.

Les vins fins sont dénommés « after dinner clarets », appellation absurde qui porte en elle-même une idée fausse qu'il faudrait s'attacher à détruire par les annonces projetées, en insistant sur ce point que nos vins vieux et de marques ne doivent pas être consommés « après dîner » et en fumant, mais bien « durant le dîner et en mangeant ».

Autrefois, il y a vingt ans environ, comme chez nous, les vins fins étaient servis au milieu du repas. A l'heure présente, un dîner débute par du xérès, suivi de champagne, souvent de porto. La bouteille de claret est servie tout à fait à la fin et lorsque cigarettes et cigares sont déjà allumés. Le résultat est mortel pour nos grands vins qui goûtent acides et perdent 99 0/0 de leur valeur.

Nous estimons que, sans retard, nous devons réagir et faire l'impossible pour modifier ces mœurs barbares et contraires au simple bon sens.

Une autre cause de décadence de nos vins de Bordeaux est le profit énorme exigé par l'intermédiaire. Certains de nos clients se contentent d'un bénéfice modéré, c'est la minorité. Le reste majore nos produits de profits variant entre 150 et 300 0/0, ce qui est excessif. Les propriétaires d'hôtels et de restaurants sont surtout ceux dont l'appétit est le plus considérable. Chez la majorité de ceux-ci, le prix du bordeaux le plus ordinaire débute à 4 francs et 4 fr. 50 la bouteille. La qualité ne justifiant pas ce prix élevé, la consommation devient insignifiante.

Il faudrait lutter contre cette politique idiote qui éloigne le public de nos vins, et ceci au grand détriment du restaurateur lui-même. Ce dernier, en donnant aux environs de 2 francs une bouteille décente, amènerait un client à terminer son repas par un vin plus cher et plus rémunérateur. A l'heure actuelle, le profit, énorme en apparence, est dérisoire en réalité, car le restaurateur ne vend ni le vin ordinaire, ni les autres.

Il serait indispensable, pour bien faire, d'attirer vers nos vins, en lui faisant connaître toutes leurs qualités, l'attention du docteur qui, en la matière, a ici une influence prépondérante sur son client. C'est le docteur anglais qui a fait le succès du whisky, c'est lui qui fera celui de nos vins de Bordeaux, si la réclame projetée lui donne une part importante de son attention.

Il faudrait très probablement inviter un certain nombre de docteurs connus à visiter Bordeaux et nos principaux vignobles, leur faire voir les chais de nos meilleures maisons, leur démontrer l'honnêteté de notre commerce, bordelais, la quantité du stock, etc. Enfin, par des dîners bien compris, leur faire voir, comprendre et apprécier comment nos vins doivent être consommés, non seulement en tant que vins ordinaires, mais en tant que vins fins.

Ce qui est dit dans cette note à l'égard des vins de Bordeaux peut s'appliquer aussi à ceux de la Bourgogne et en général à tous nos vins de France, car certainement on pourrait en développer la vente par une réclame bien comprise.

Sur le même sujet, nous noterons les lignes suivantes, que nous traduisons de la *Wine Trade Review*, l'important journal du Commerce des vins édité à Londres :

La question vitale pour le commerce est de savoir si les causes de la dépression dans les transactions sur les vins est temporaire ou restera permanente. Il est certain que le ralentissement général des affaires et l'inactivité du monde financier (en 1907-1908) ont eu une influence fâcheuse sur notre commerce spécial, de plus la « vague de tempérance » doit en être aussi rendue responsable pour une bonne part. Cependant, nous craignons qu'on soit obligé de considérer en même temps d'autres causes plus profondes. Quand le vin est négligé par les maîtres de maison, comme c'est souvent le cas, il ne peut s'agir entièrement de questions financières ; la seule conclusion possible à tirer c'est que le peuple a perdu le goût du vin. On ne peut dire si et quand ce goût reviendra, mais les circonstances actuelles ne paraissent pas propices. Tout ce que l'on peut faire, c'est d'espérer.

Le temps n'est pas encore très éloigné où une certaine connaissance des vins faisait partie de l'instruction ordinaire d'un jeune homme ; mais tout cela est changé. Les méthodes modernes d'existence sont entièrement défavorables à notre commerce. Les gens qui habitent dans des appartements n'ont plus la possibilité, alors qu'ils en auraient le désir, d'avoir une cave, et ils achètent du vin seulement au fur et à mesure qu'ils en ont besoin, sans se soucier beaucoup de la qualité ! Le bon marché est le principal guide du consommateur maintenant, et là est le grand danger pour le commerce des vins.

Au risque d'être accusés de revenir sur un sujet depuis longtemps usé, nous sommes obligés de dire que les propriétaires d'hôtels et de restaurants ont aussi une large part de responsabilité dans l'état actuel des choses. Nous savons tous que les luxueuses installations de certains de ces établissements doivent se payer d'une façon quelconque et qu'il est raisonnable de demander aux vins une portion de ces frais, mais les tenanciers de ces maisons ont, pour la plupart, cette idée (idée que nous allions dire maladroite) que l'argent qu'ils perdent sur la nourriture ils doivent le retrouver en surchargeant les vins d'une façon exorbitante. Ce n'est pas une exagération, en tout état de cause, d'ajouter que les vins sont considérés comme devant permettre à ces établissements de vivre. Les consommateurs commencent à le comprendre, mais ils ne connaissent que la moitié de la vérité. Ils savent qu'ils sont forcés de payer des prix injustifiés pour les vins qu'ils demandent, toutefois ils ignorent que les patrons d'hôtels imposent de lourdes charges aux importateurs pour que ces derniers puissent obtenir d'eux le privilège de la fourniture. Trop souvent alors les vins offerts aux visiteurs, non seulement ne sont pas achetés cher, mais même sont de qualité quelconque.

La question des hôtels est une des plus importantes pour notre commerce. Par suite de l'habitude moderne de dîner dehors, une grande partie des vins consommés l'est dans les hôtels et les restaurants. Si les propriétaires de ces maisons avaient eu l'intelligence de porter sur leurs prix-courants, pour les vins, des chiffres raisonnables, ils en auraient tiré meilleur profit et affermi la situation du commerce.

En général (il y a d'honorables exceptions), les tenanciers de ces établissements ont pris le chemin le plus détestable et il a des résultats désastreux pour eux, en même temps qu'il est tout à fait contraire aux intérêts des commerçants en vins.

Le président de diverses sociétés de grands hôtels notait récemment que, comparées aux recettes d'il y a dix ans sur les vins, celles d'aujourd'hui avaient baissé de 50 0/0. Inutile de demander à qui la faute ! (1)

Il est certain que toutes ces observations sont on ne peut plus justes. En France, nous pouvons enregistrer les mêmes faits et les mêmes préoccupations. Cependant il ne faut pas trop désespérer et on est en droit de prévoir des temps meilleurs. Mais on ne doit pas attendre qu'ils viennent d'eux-mêmes; il est nécessaire de songer à en provoquer l'arrivée. Il serait utile de commencer par refaire l'éducation des consommateurs en ce qui concerne les vins et les eaux-de-vie, puis de combattre avec acharnement les sociétés de tempérance par une publicité incessante en faveur des excellents produits que fournit si généreusement le vignoble français ; enfin de protester de la façon la plus vigoureuse contre les impôts nouveaux dont, sous prétexte d'hygiène et de santé publique, les Ministres des Finances, d'un côté de la Manche, et les Chanceliers de l'Echiquier, de l'autre, accablent le commerce des vins et spiritueux pour équilibrer leurs budgets trop souvent en déficit.

En ce qui concerne nos vins et nos spiritueux, c'est surtout par les droits de douane qu'ils sont durement frappés dans le Royaume-Uni et ses colonies. Pour essayer de faire abaisser ces droits, à l'assemblée générale du Comité international du commerce des vins et spiritueux, tenue à Londres les 26 et 27 juin, M .Havy, son premier vice-président, a fait une communication intéressante sous le titre : « Les bases d'un traité de commerce entre l'Angleterre et la France. » L'auteur a commencé par rappeler ce que disait Gladstone dans son exposé financier du 10 février 1860, quand il proposait de supprimer tous les droits sur les objets manufacturés et de réduire les taxes sur les vins, sur le sucre et le café, à savoir que la meilleure manière d'assurer les ressources du Trésor consistait

(1) Extrait de la *Wine Trade Review*, du 15 janvier 1909.

à donner des forces aux contribuables. Voilà près de soixante ans qu'en Angleterre cette doctrine a passé dans les faits, et, en dépit des résultats, elle y est aujourd'hui contestée. M. Havy en arrive à dire à nos amis les Anglais : « En ce qui concerne particulièrement les vins, nous sommes amenés à vous considérer comme des protectionnistes. »

Cependant, a fait remarquer, dans le *Siècle*, à ce sujet, le grand économiste français M. Yves Guyot, les Anglais n'ont pas mis une taxe sur les vins pour protéger leur industrie viticole. Ils ne donnent pas aux vins de leurs colonies des tarifs de faveur. Par conséquent, la taxe sur les vins n'est pas protectionniste. Elle n'est qu'une taxe fiscale. Mais cette taxe montre combien un impôt sur la consommation du vin peut en arrêter le développement. Et M. Yves Guyot écrit :

Le 14 avril 1899, le gouvernement anglais mit une surtaxe sur les vins. Il espérait en tirer une somme de 298.000 livres sterling (plus de 7 millions de francs). L'importation totale des vins de toute provenance était en gallons (de 4 lit. 54).

	Gallons.	Hectolitres.
	—	—
1896	16.695.000	757.978
1897	17.559.000	797.191
1898	18.139.000	823.540

Soit une moyenne annuelle de 793.000 hectolitres.

La surtaxe est établie. Pendant les trois dernières années, l'importation tombe à :

	Gallons.	Hectolitres.
	—	—
1905	12.731.000	577.989
1906	13.103.000	594.890
1907	13.213.000	599.895

Soit une moyenne annuelle de 590.000 hectolitres, donc une diminution de 203.000 hectolitres, ou de 25 0/0.

Si on compare le mouvement de la consommation à celui de la population, on trouve :

	Population du Royaume-Uni.	Consommation par tête.
	—	—
	Habitants.	Litres.
1898	37.807.000	2 »
1901	40.380.000	2 04
1907	44.144.000	1 31

Ces chiffres montrent combien est faible la consommation des vins en Angleterre. Ils ne sont pas entrés dans la consommation courante. Les vins sont restés un objet de luxe.

M. Havy a relevé dans les comptes de la douane anglaise pour 1906 les chiffres suivants : 11.299.000 gallons ayant une valeur de 2.202.500 livres sterling.

Les expéditions de vins de France représentaient en mesures françaises 120.235 hectolitres de vins en fûts valant 9.475.000 francs, soit une valeur moyenne de 0 fr. 78 le litre.

Le droit étant de 1 sh. 3 d. par gallon (soit 34 fr. 68 l'hectolitre), cela donne 0 fr. 35 le litre ou 44 0/0.

L'importation des vins non mousseux en bouteilles s'est montée à 415.978 gallons valant 185.997 livres sterling.

La France en a expédié la plus grande partie, 7.300 hectolitres valant 2.008.000 francs. La valeur moyenne est donc de 2 fr. 75 le litre. Ils payent 62 fr. 43 l'hectolitre. La proportion du droit à la valeur est de 23 0/0.

L'importation des vins de Champagne a été de 1.159.000 gallons, soit 52.639 hectolitres, valant 42.276.000 francs ou 8 fr. 03 par litre. Le droit est de 1 fr. 05 par litre, la proportion est de 12.45 0/0.

Restent encore les vins de Saumur mousseux, avec 7.398 hectolitres, d'une valeur de 3 fr. 60 par litre, et les vins de Bourgogne mousseux avec 556 hectolitres valant en moyenne 4 fr. 20 le litre.

M. Havy en conclut qu'il faudrait modifier l'échelle de tarification. Il trouve le degré d'alcool trop élevé pour les vins ordinaires. Il voudrait établir une tarification à un degré inférieur.

Cette proposition mérite évidemment d'être examinée ; mais, à première vue, elle ne me paraît pas utile. La meilleur manière d'habituer les Anglais aux vins français, ce n'est pas de leur livrer des vins faibles.

Les Anglais aiment le porto parce qu'il est fort. Il y a une influence de latitude qui produit des effets étonnants. Un verre de porto en Ecosse ne paraît pas plus fort qu'un verre de bordeaux à Londres.

Dans l'Assemblée d'actionnaires de la brasserie Allsopp, tenue l'année dernière, je crois, on attaqua violemment la tentative de *lager beer*, de bière légère, qui lui avait coûté de grosses dépenses et n'avait pas donné de résultats. Un actionnaire dit : Ce que les Anglais désirent, ce n'est pas une boisson rafraîchissante, c'est une boisson fortifiante.

Il en est de même pour nos vins. Il serait dangereux, par une taxation au degré, de pousser en Angleterre à l'importation des vins faibles en alcool. Elle ne pourrait amener que des déceptions

Les droits payés pour les vins de France, ont été, d'après les relevés de M. Havy :

	Francs.
Vins en fûts..................	4.000.000
Vins en bouteilles............	500.000
Vins de Champagne..........	5.000.000
Vins mousseux de Saumur.....	500.000
Vins mousseux de Bourgogne...	60.000

Le Trésor perçoit donc une somme de 10 millions de francs sur les vins français, dont les neuf dixièmes sont fournis par les vins en fûts et le champagne.

M. Havy n'a pas cru devoir offrir comme compensation au gouvernement anglais la suppression de la surtaxe d'entrepôt. Il a proposé la suppression ou la réduction en France des droits sur les houilles.

Les Anglais l'accepteraient avec moins d'enthousiasme que ne le suppose M. Havy : ils préféreraient une réduction sur les objets fabriqués, comme les filés de coton. L'assemblée générale du commerce international des vins a approuvé la réduction des droits sur les houilles. Mais il est probable que la Chambre des députés français ferait plus de résistance, quoique nous ne produisions que 34 millions de tonnes sur les 50 que nous consommons. Par conséquent nous sommes obligés d'importer 30 0/0 de notre consommation, dont l'Angleterre nous fournit la moitié.

Ce qui est grave, c'est que le gouvernement anglais et que le gouvernement français ne soient pas encore entrés en conversation régulière pour un arrangement commercial.

Il est évident qu'après l'entente avec l'Angleterre sur le terrain politique, une entente sur le terrain commercial serait des plus désirables. Au banquet de la Chambre de commerce française qui avait lieu à Londres, le 7 mai 1908, en l'honneur de M. Cruppi, Ministre du Commerce, celui-ci, dans un toast chaleureusement applaudi, s'exprimait ainsi :

Je disais, il y a quelques jours, à Paris, que mon excursion à Londres serait l'avant-propos du voyage de M. le Président de la République, la rencontre de deux commerçants, grands acheteurs et vendeurs l'un chez l'autre, également intéressés au progrès de leurs transactions.

Dans cette rencontre amicale, je veux affirmer, en toute occasion, le désir du Gouvernement de la République de contribuer à l'amélioration constante et au développement du bon accord économique qui existe entre le Royaume-Uni et la France.

A ce propos, vous devinez combien je suis satisfait de me trouver, à la première étape, auprès de vous, dans le milieu si sympathique de cette chambre de commerce française de Londres, qui, sous le patronage de notre éminent ambassadeur et sous l'impulsion de M. Marius Duché, mène depuis longtemps le bon combat pour l'entente cordiale.

Dans la liberté, la pleine indépendance des conceptions économiques qui vous sont propres, vous restez avant tout les serviteurs passionnés de la France, et jamais vous ne l'avez mieux prouvé que le jour où vous vous êtes associés aux efforts du vaillant comité français présidé avec tant de dévouement par M. le sénateur Dupont, pour organiser à Londres l'Exposition franco-britannique.

Certes, l'entreprise n'était pas aisée. Il lui fallait pour réussir, l'encouragement du gouvernement britannique, le secours de patronages illustres et la bienveillance qu'elle a obtenue des hommes les plus considérables de la Grande-Bretagne.

Ces volontés unies ont enfin réalisé l'œuvre féconde et magnifique qui attestera demain la vitalité de deux grands pays.

Et plus loin :

Je désire que nos compatriotes, après avoir visité l'Exposition et Londres, parcourent la Grande-Bretagne et entrent en communication directe, avec ce grand pays, avec son histoire, ses mœurs si fortes et si graves, son idéal de travail et de liberté, avec sa terre poétique, avec le prodigieux labeur de ses cités industrielles.

Grâce à ces relations devenues chaque jour plus familières, à cet effort de compréhension réciproque, l'entente cordiale arrivera à produire tous ses résultats. N'est-ce pas le but que nous poursuivons ? N'avons-nous pas en Angleterre et en France, sur le terrain pratique, sur le terrain des affaires, un intérêt égal et solidaire à l'heureux développement de nos rapports industriels et commerciaux ?

Comme vendeurs, nous rencontrons dans le Royaume-Uni un marché de premier ordre ; mais la Grande-Bretagne et ses colonies réalisent de leur côté en France un chiffre d'affaires très considérable, qu'il faut augmenter du fret, profitant surtout à la marine anglaise.

Comme vendeurs, nous fournissons à l'Angleterre, parmi bien d'autres articles, nos modes, nos articles de Paris, notre bijouterie, nos soieries, les vins, nos produits du sol, du verger français. Ce marché a le privilège de pouvoir prospérer sans porter ombrage aux producteurs, aux commerçants, aux industriels d'Angleterre. En effet, nous apportons à la Grande-Bretagne ce qu'elle ne produit pas, nous lui procurons ce qu'elle n'aurait pas sans nous, ou du moins, ce qu'elle obtiendrait à des qualités inférieures et sans ce fini, cette perfection que nous nous appliquons de plus en plus à atteindre.

Remarquez encore, Messieurs, que dans la somme totale de nos exportations dans le Royaume-Uni, il faut tenir compte, et pour un chiffre important, des produits en transit qui ne font qu'aborder l'Angleterre et constituent pour sa navigation une source de bénéfices.

De sorte qu'en résumé, notre situation est égale ; nous ne sommes pas concurrents et nous devons ignorer ce fléau de la jalousie commerciale, dont David Hume a si bien décrit la vanité.

Il faut donc profiter de cet heureux moment économique pour donner à nos relations tout l'essor et toute la stabilité désirables.

Le jour de l'inauguration de l'Exposition, le 14 mai, le prince de Galles, répondant au duc d'Argyll, président d'honneur de l'Exposition, disait à son tour :

Mon cher Lord, c'est avec joie que la princesse de Galles et moi sommes présents dans cette importante et mémorable occasion.

Nous sommes surtout contents d'assister à l'inauguration d'une Exposition due à la généreuse coopération de cette grande nation française avec laquelle nous sommes alliés par de proches et amicales relations.

Je m'associe cordialement au sentiment général de gratitude envers le Gouvernement français pour la cordiale et libérale manière avec laquelle il a encouragé cette entreprise, et nous offrons des chauds témoignages de bienvenue aux représentants de la France qui sont présents aujourd'hui.

Et le mêmes soir, en un banquet offert à nos Ministres, à l'Ambassadeur de France et aux délégués du Comité français des Expositions à l'étranger par la Chambre de commerce anglaise, nous entendions le président de celle-ci, sir Albert Spencer, faire des vœux pour que les relations commerciales entre les deux pays s'accroissent encore, et, en lui répondant, notre Ministre de l'Agriculture, M. Ruau, terminait ainsi son allocution :

Nous exprimons le regret que la proportion pour laquelle notre pays entre dans vos importations ne soit pas ce qu'elle devrait être, étant données la position géographique de la France et l'importance de ses cultures. Nous sommes persuadés que l'occasion de l'Exposition va mettre en présence acheteurs et vendeurs, qui noueront à l'avenir de plus étroites relations, fécondes pour le développement économique des deux grandes nations.

Au risque de me faire taxer de présomption, je dirai très haut que nous sommes capables de vous fournir des produits agricoles les plus beaux, les plus loyaux.

Quelques jours plus tard, le Président de la République, reçu à Londres, après avoir visité l'Exposition, devenait le 27 mai l'hôte de la Cité, et, dans un banquet au Guildhall, disait encore devant le Lord-Maire :

La communauté d'intérêts qui unit la France et l'Empire britannique trouve son expression dans l'importance des transactions quotidiennes entre nos deux pays. Ces heureuses relations d'amitié et d'affaires, le gouvernement de la République s'applique de tout son pouvoir à les fortifier et, en son nom, je salue avec joie cette imposante manifestation du travail, du commerce, de l'industrie, de l'agriculture et des arts de l'Angleterre et de la France, qui a trouvé sa consécration dans l'éclat d'une Exposition qui a fait tant d'honneur au génie de nos deux pays et dont le succès assuré nous conviera à poursuivre le même idéal de labeur, de concorde et de paix.

Le Président de la République se félicitait, en outre, des relations qui se développaient chaque jour davantage entre les deux pays.

Un peu plus tard, au moment où l'Exposition battait son plein dans la « White City » de Shepherd's Bush et Wood Lane, le *Daily Telegraph*, recherchant ce qui pourrait être fait de part et d'autre, écrivait : « On parle d'abaisser les droits sur les vins français ; mais, selon les théories de Cobden, l'Allemagne devrait obtenir simultanément les mêmes concessions. Cependant, il est possible qu'on arrive à un accord satisfaisant pour la viticulture française. » Et l'écrivain pensait qu'en échange on pourrait, en France, abaisser les droits sur les matières textiles, les machines et les métaux.

D'autre part, le *Daily Graphic*, traitant de l'entente commerciale amorcée entre la France et l'Angleterre, faisait remarquer que la question est assez complexe et délicate, mais que le moment était des mieux choisis pour arriver à conclure un accord qui ne serait autre chose, en somme, qu'une extension de la clause de la nation la plus favorisée. Ce journal ajoutait que la France devait se hâter si elle voulait tirer du gouvernement actuel des faveurs qu'un gouvernement protectionniste prochain ne saurait lui accorder.

Enfin, au début de l'année 1909, la *Pall Mall Gazette*, apprenant qu'il était question, en haut lieu, de réduire le droit sur les bouteilles de vins français pour le ramener à celui des vins en fûts, afin d'en rendre la consommation plus importante, écrivait :

> On ne se figure pas ce que les habitants de la Grande-Bretagne, il y a un siècle, consommaient de vins français, en Ecosse surtout, avant l'annexion de ce pays à l'Angleterre. Le grand entrepôt des vins de France était Leith, ville qui possède de longs souterrains spécialement aménagés en caves pour ces vins.
>
> Lorsque le claret devint trop cher pour les bourses des Ecossais, ils burent du porto. Bientôt celui-ci augmenta à son tour, et c'est alors que le whisky devint la boisson nationale. Il n'y a rien de plus sain et de plus réconfortant dans l'Univers qu'un verre de bon vin de France. Voilà les raisons du nouveau tarif, et si, comme je le suppose, il offre de sérieux avantages aux propriétaires de vignobles, il portera un coup de massue à la soi-disant tempérance, et, en réchauffant les cœurs, resserrera plus étroitement encore les liens de l'Entente cordiale.

Malheureusement, aujourd'hui, les temps sont devenus bien durs pour les budgets, et les réductions de tarifs paraissent dès lors plus difficiles à obtenir. Cependant, ce serait le meilleur moyen, pour notre viticulture et le commerce des vins et spiritueux des deux pays, de voir leur situation réciproque s'améliorer. C'est par conséquent vers ce but que doivent tendre tous les efforts, des deux côtés du détroit, afin d'arriver à conclure un traité de commerce donnant satisfaction aux intérêts réciproques des deux nations.

Il faudrait qu'un pareil traité eût une durée assez longue, une dizaine d'années au moins par exemple ; que, sur tous nos vins, non mousseux ou mousseux, l'Angleterre consentît une diminution de droit, ramenant celui-ci à 1 sh. le gallon comme jusqu'en 1900 ; enfin, qu'elle abaissât les taxes trop élevées sur les eaux-de-vie. En échange, nous pourrions, en France, faire porter les pourparlers sur le dégrèvement des houilles, des cotons filés et peut-être aussi sur l'abolition de la surtaxe d'entrepôt qui est la source de bien des réclamations de la part de nos amis.

Nous sommes convaincus que le retour aux conditions de 1860 à 1900 permettrait de regagner le terrain perdu ; il faciliterait la lutte contre les société de tempérance en rendant possible l'entrée en Angleterre de vins de qualité courante, assez légers, qui feraient, comme boisson hygiénique, concurrence aux forts alcools dont se plaignent précisément ces sociétés et qui sont consommés par la masse du peuple.

Dans un rapport que sir James Blyth, bart., depuis lord Blyth, présentait à la Chambre des Communes de Londres, en septembre 1901, à la suite de sa visite à notre Exposition universelle de 1900, nous lisons à cet égard :

> En réalité on peut dire avec une quasi-certitude que le vin, au lieu de production est aussi peu coûteux que la bière, sinon meilleur marché même. Si ce fait, rapporté chez vous, pouvait bien pénétrer dans l'esprit du public anglais, il contribuerait à dissiper l'idée qu'un vin pas cher n'est pas naturel et à faire revenir nos hommes d'Etat, implicitement sinon formellement, sur cette idée que ce produit est un objet de luxe et peut être taxé et surtaxé comme tel parce qu'il est consommé par les gens riches.
>
> L'erreur de cette conclusion en ce qui touche le vin, provient de ce qu'en ne tenant pas compte de l'augmentation de la production, des plus grandes facilités de transport et de tout ce qui a amené l'abaissement des prix de l'article, nos autorités fiscales ont continué à le considérer plus ou moins comme un produit exotique rare, qui doit être relativement cher et, par conséquent, toujours condamné à acquitter des taxes somptuaires, sans se préoccuper de savoir s'il s'agit de vins ordinaires ou de « vins de luxe ».
>
> Ce n'est pas trop s'avancer que d'affirmer que le vin ordinaire pourrait être vendu dans ce pays-ci à un prix bien peu supérieur à celui de la bière si seulement les droits étaient proportionnés à sa valeur intrinsèque. Une lourde taxe sur les boissons, comme celle qui frappe les vins naturels en Angleterre, empêche que ceux-ci puissent revenir à bon marché et met la masse du peuple dans l'impossibilité d'en acheter.

Si le droit sur les vins légers était réduit seulement à deux fois celui de la bière, alors qu'il est cinq fois plus élevé, l'accroissement de la consommation du vin serait phénoménal. Si les droits étaient égalisés pour les deux boissons, cette consommation ne cesserait d'avancer par bonds successifs.

Nous ne doutons pas, en effet, avec lord Blyth, que si les droits d'entrée sur les vins, et disons aussi sur les eaux-de-vie, en Angleterre, étaient diminués, nos viticulteurs et nos négociants-importateurs dans ce pays trouveraient des acheteurs beaucoup plus nombreux. L'exemple de la période de 1860 à 1900, que nous avons rappelé dans un tableau précédent, est convaincant à cet égard, puisque depuis le moment où les droits ont été augmentés la consommation a fléchi, malgré l'accroissement de la population. Nous osons ajouter que les finances du Royaume-Uni et de ses colonies ne pourraient que se bien trouver d'une diminution de droits de ce genre, car la consommation des vins surtout, en devenant beaucoup plus importante, « phénoménale » même, comme dit lord Blyth, les recettes seraient beaucoup plus considérables et dépasseraient bien vite celles d'aujourd'hui.

C'est, nous le répétons, à la réalisation de cette pensée que, des deux côtés de la Manche, les diplomates, les économistes et ceux enfin qui se sont intéressés à la réussite de l'Exposition Franco-Britannique, doivent travailler de toutes leurs forces.

Si on parvient, à l'aide de concessions mutuelles, à établir entre la France et l'Angleterre un tel accord, alors véritablement l'Entente cordiale sera complète et les exposants de 1908, après avoir bien mérité les récompenses qui leur ont été accordées, auront largement mérité aussi les éloges de leurs concitoyens, car ils auront été les vrais artisans du rapprochement commercial tant désiré par tous.

Récompenses données aux Collaborateurs

(**D. H.** signifie : *Diplôme d'honneur ;* **O.**, *Médaille d'or ;* **A.**, *Médaille d'argent ;* **B.**, *Médaille de bronze ;* **M. H.**, *Mention honorable.*)

Maison Adet Seward et Cie, à Bordeaux :

Simondet (Pierre) .... A.
Duplan (Pierre) .... B.

— Amiot (Veuve), à Saint-Hilaire-Saint-Florent (Maine-et-Loire) :

Lemoine (Urbain) .... A.
Quinet (Veuve) .... A.

— Auger fils et Cie, à Montmoreau (Charente) :

Mazaud (René) .... B.

— Balaresque (H.-C.), à Bordeaux :

Moussac (Ulysse) .... A.

— Baron (Charles), à Paris :

Maillard (Henri) .... A.
Gasgnier (Abel) .... B.

— Barton et Guestier, à Bordeaux :

Peyneau (Raymond) .... D.H.
Lagorce (Bertrand) .... O.
Lartigue (Jean) .... O.
Barkey (Edouard) .... A.

— Bassot (Thomas) et fils, à Gevrey-Chambertin (Côte-d'Or) :

Bourgeot (Auguste) .... O.
Cote (Justin) .... A.

— Bélin (Paul), à Monthélie (Côte-d'Or) :

Garnot (Louis) .... B.

Maison Besson-Perrault, à Rully (Saône-et-Loire) :

Fontaine (Adolphe) .... A.

— Billet-Petitjean, à Beaune :

Laboureau (Henri) .... A.

— Bisquit-Dubouché et Cie, à Jarnac :

Dugot (Félix) .... A.
Favreaud (Jules) .... A.

— Blanlot, à Beaune :

Podechard (Alexis) .... O.

— Bouchard aîné et fils, à Beaune :

Bonnardin (Jean) .... A.
Guilleminot (Charles) .... M.H.

— Boucoiran (Emile), à Beauvoisin (Gard) :

Pazzini (Louis) .... B.

— Bourcier (Léon), à Rablay-sur-Layon (Maine-et-Loire) :

David (Simon) .... M.H.
Dulong (Jean) .... M.H.

— Brasseur et Hanier, à Paris :

Allouis (Pierre) .... A.
Morin (Georges) .... A.

— Brenot (Albert), à Savigny-les-Beaune :

Bouchard (Denis) .... O.
Vollot (Edmond) .... O.

— Carcassonne (H.), à Perpignan :

Euloge-Launier .... B.

— Cazalet et fils, à Bordeaux :

Cornet (Fernand) .... A.
Dejean (Fernand) .... A.

Maison Chamonard, à Romanèche-Thorins (Saône-et-Loire) :

JAMBON (Jean) .... A.
NITIEN (Pierre) .... B.

— Chandon et Cie, à Epernay :

SIMON (Alfred).................. D.H.
LAMBERT (Eugène) .... O.
DAUVISSAT (Paul) .... A.
GOURDIER ,Maurice) .... A.
LEBÈGUE (Henri) .... A.
LÉGER (J.)...................... A.
PIQUART (Henri) .... A.
SCHNEIDER (Georges) .... A.

— Chanson frères et fils, à Beaune :

GARNIER .... D.H.
SÉGUIN (J.) .... O.

— Charbonneau et Lehou, à Saumur :

BOURGEON (Marie) .... O.
SAUZAY (Louis).................. A.

— Charton fils, à Beaune :

GARNIER (Louis) .... O.

— Chassant (Louis), à Saint-Félix-de-Lodez (Hérault) :

CLAMENS (Sylvain) .... M.H.

— Claudon (Henry), à Rouillac (Charente) :

AUBOUIN (Georges) .... B.

— Clolus (Emile), à Badens (Aude) :

SARDA (Antonin) .... A.

— Cœlier fils, à Saint-Denis :

QUIZY .... B.

Maison Colin et fils frères, à Bordeaux :

Montel (Jean) .... O.
Biarnès (Jules) .... A.
Delis (Joseph) .... A.

— Cotillon (B.) et Cie, à Paris :

Méziat (Jean) .... A.

— Curlier et Cie, à Jarnac :

Larue (Edmond) .... A.
Prodeaux (Henri) .... A.

— Delaunay (René), à Saint-Aubin-de-Luigné (Maine-et-Loire) :

Dubigeon (Jean) .... B.

— Delcous et Richard, à Charenton :

Brana (Adrien) .... A.

— Decroze (G.), à Pont-Sainte-Maxence (Oise) :

Pangnier (Jean) .... B.

— Delaage et Cie, à Libourne :

Lafourcade (Edouard) .... O.
Gorichon (Emile) .... A.

— Delafarge (Louis), à Vaissières, par Béziers (Hérault) :

Cannac (Jean) .... B.

— Desmarquest (Jean), à Romanèche-Thorins (Saône-et-Loire) :

Loron (Antoine) .... A.
Picolet (Jean) .... A.

— Desse (Georges), à Pauillac :

Bénicheau (Jules) .... B.

— Dumas (Francisque), à Villefranche-sur-Saône (Rhône) :

Reissier (Jean) .... A.

Maison Dumoulin aîné, à Savigny-les-Beaune :

Brocard (Jules) .... A.

— Dupont et Dumatray, à Beaune :

Garnier (Paul) .... A.

— Dupré (Jules) et Cie, à Auxerre :

Mollaret (Joseph) .... O.
Niquet (Victor) .... O.
Bézine (Edmond) .... A.

— Duvigneau et Cie à Condom (Gers) :

Lassoujade (Pierre) .... A.

— Ebelot (Louis), à Estagel (Pyrénées-Orientales) :

Costes (Jean) .... A.

— D'Ellissagaray, à Pauillac :

Bocq (Jacques) .... B.
Ouley .... B.

— Engrand (Emile), à Angoulême :

Maratille (Rodolphe) .... A.
Presle .... A.

— Fargues (Polydor), à La Rouquette, par Mèze (Hérault) :

Guibal (Léon) .... B.
Arvieu (Barthélemy) .... M.H

— Faye et Cie, à Mâcon :

Martin (Georges) .... O.
Barbier (Claude) .... A.
Essartier (Michel) .... A.

— Floris (baron de), à Ludon (Gironde) :

Hosteins (Gabriel) .... A.

— Ferrand (Héritiers du comte de), à Pauillac :

Moreau (Antoine) .... A.

Maison Fromy Rogée et Cie, à Saint-Jean-d'Angély :

Marcheneau .... O.
Perham-Ollivier .... O.
Benon .... A.

— Gabarrot et Daroux, à Vic-Fézensac (Gers) :

Cabannes (Auguste) .... A.
Hautefage (Hippolyte) .... B.
Bordes (Dominique) .... M.H.

— Garraud (Léon), à Beaune :

Laboureau .... A.

— Gaubert, à Portets (Gironde) :

Blancan (Raymond) .... A.
Morond .... A.

— Girard (Albert), à Brézé (Maine-et-Loire) :

Trudelle (Jean) .... B.

— Gouny (Jean), à Macau (Gironde) :

Estopp (Antoine) .... B.

— Gratien et Meyer, à Beaulieu-les-Saumur :

Méchine (André) .... A.

— Grazilhon (Jean), à Saint-Estèphe (Gironde) :

Chevrau (Vivien) .... O.
Cap (Joseph) .... A.

— Gros-Renaudot, à Vosne-Romanée (Côte-d'Or) :

Gagnerot (Eugène) .... B.
Gardey (Louis) .... B.

— Guichard Potheret et fils, à Chalon-sur-Saône :

Virot (G.) .... D.H.
Brugneaux .... O.

Maison Halphen (Constant), à Paris :

Biswang (Jean-Baptiste) .... O.
Conte Vital .... O.

— Hannappier et Cie, à Bordeaux :

Moulin (Emile) .... O.

— Jacquet et fils, à Libourne :

Bouché (Abel) .... A.
Bernadet (Jean) .... B.

— Janneau (P.), à Condom (Gers) :

Bador (Léon) .... B.
Carrère (Joseph) .... B.
Douat (Baptiste) .... B.
Tochebus (Samuel) .... B.

— Joninon, à Paris :

Lefort (Edouard) .... A.

— Joué (Augustin), à Perpignan :

Bory (Louis) .... A.
Parazols (Auriol) .... A.

— Lacaze (Bernard), à Longages (Haute-Garonne) :

Lacaze (Bonaventure) .... B.

— Lafond frères, à Rouen :

Legrand (Louis) .... A.

— Lallier, van Cassel, Durvin et Cie (Deutz et Geldermann), à Ay (Marne) :

Laurent (Madeleine) .... O.
Pfeiffer (Charles) .... O.
Raulet (Théodore) .... O.

— Lapelleterie (Camille), à Saint-Emilion (Gironde) :

Modet (Julien) .... A.

Maison Lardit (Edmond), à Sainte-Croix-du-Mont (Gironde) :

Duzan (Léonce) .... A.

— Lardet (Tony), à Mâcon :

Loudot (Jean-Marie) .... O.

— Lebègue (J.) et Cie, à Cantenac (Gironde) :

Béziade (Auguste) .... A.

— Lemétais (Ernest), à Fécamp :

Coquin (Paul) .... O.

— Lhôte (S.), à Dijon :

Hérardot (Charles) .... D.H.
Himmelspach (Albert) .... O.
Guillard (Claude) .... A.

— Lopès-Dias, à Bordeaux :

Bardet (Octave) .... A.

— Lunaret (Henri de), à Montpellier :

Michel .... B.

— Maget (Albert), à Xambes (Charente) :

Marot (Pierre) .... B.

— Malaquin, à Paris :

Biney (Arnaud) .... D.H.
Boudal (Paul) .... O.

— Maldant (Alexis), à Savigny-les-Beaune :

Petiot (Denis) .... O.
Petiot (Maurice) .... A.

— Mandeix (A.), au Havre :

Avenel (François) .... A.
Toutain (Edmond) .... A.

Maison Marceau (M.), à Bordeaux :

ANDRANT (Adrien) .... A.
BAQUÉ (Félix) .... A.

— Maroger de Rouville, à Bernis (Gard) :

LAGET (Jacques) .... A.
BÉGOUT (Antoine) .... M.H.

— Martineau (Gustave), à Saintes :

PÉQUIN (Charles) .... O.
ARMAND (Emmanuel) .... A.

— Martini-Rosé, à Beaune :

CAUTRON (Louis) .... D.H.
LANDRÉ (Louis) .... B.

— Mas (Urbain), à Langoiran (Gironde) :

GASSIOT (André) .... M.H.

— Massol (Clément), Massanne, près Montpellier :

POUJOL (Noël) .... B.

— Maurel (Léonce), Hermines, par Carcassonne:

CLERGUES (Pierre) .... B.

— Maurin (J. et B.), à Bordeaux :

LESPÈS (Félix) .... A.
BRANGIER (Louis) .... B.

— Mazoyer (Louis), à Montpellier :

BRUNEL (Pierre) .... M.H.

— Médeville (Numa), à Cadillac (Gironde) :

LAFFAGE (François) .... B.

— Meyniac et Cie, à Bordeaux.

ESPAGNE (Gustave) .... A.

Maison Montoy (L.-A.), à Beaume :

Buretey (Paul) .... A.
Martin (Henri) .... A.

— Moreau (Georges) et Cie, à Podensac (Gironde) :

Bissoulet (Ernest) .... B.

— Mulin (Georges), à Lyon :

Lespinasse (Benoît) .... B.

— Murard (Comte de), à Juliénas (Rhône) :

Vaupré .... B.

— Nismes Delclou et Cie, à Pont-de-Bordes (Lot-et-Garonne) :

Fabien (Joseph) .... A.

— O'Lanyer (Louis), à Cantenac (Gironde) :

Bourdillas (Justin) .... A.

— Oger Bascher (R.), à Saint-Aubin-de-Luigné (Maine-et-Loire) :

Rimbault (Alphonse) .... M.H.

— Pams (Eugène), à Perpignan :

Allès (Hyacinthe) .... O.

— Papelorey et Lenglet, à Condom (Gers) :

Clément (Amédée) .... A.

— Pâquier-Desvignes, à Saint-Lager (Rhône) :

Gabet (Louis) .... A.
Jambon (Claude) .... A.
Lafond (Claude) .... B.

— Pérou (du), à Saucats (Gironde) :

Sempuy (Paul) .... A.

Maison Picard et Demarquais, à Sainte-Croix-du-Mont (Gironde) :

DUBOURDIEU (Hippolyte) .... B.

— Plomby (Elie), Haut-Barsac (Gironde) :

DUBÉDAT (Paul) .... B.

— Pons (de), à Villaudric (Haute-Garonne) :

DOUMERC (François) .... B.

— Pouilloux (René), à Saint-Jean-d'Angély :

CHAISE (Jean-Baptiste) .... A.
JOCHAUD (Toussaint) .... A.

— Preller (G.), et Cie, à Bordeaux :

HAUTEFAYE (Jean) .... B.

— Promis (Paul), à Bordeaux :

DÉJEAN (Chéri) .... B.

— Rateau (L.), à Chapelle-des-Pots (Charente-Inférieure) :

COUTANT (André) .... A.
ROBERT (Louis) .... B.

— Rémy-Martin et Cie, à Cognac :

MARAIS (Théodore) .... A.
HOURNAT (Raymond) .... M.H.

— Renéteau (Jean), à Agassac (Haute-Garonne) :

TARDY (Auguste) .... M.H.

— Roullet et Delamain, à Jarnac :

MESNARD (Jean) .... B.

— Roumengou (Jean), à Cugnaux (Haute-Garonne) :

LAGUENS (Numa) .... B.

Maison Rouvière-Huc, à Saint-Genis-de-Mourgues (Hérault) :

Caisergues père .... A.
Caisergues (Anna) .... B.

— Sabot (Albert), à Paris :

Barbier (Léon) .... A.
Ruet (André) .... B.

— Saulnier (Louis) et Cie, à Jarnac :

Polo .... B.

— Soualle (L.), à Pont-Sainte-Maxence (Oise) :

Revouey (Jules) .... A.
Triboulet (Prosper) .... A.

— Sourbets (Georges), à Mont-de-Marsan :

Despons (Hippolyte) .... A.

— Sterne (G.),à Nancy :

Thicle (René) .... O.

— Syndicat agricole du Gard, à Nîmes :

Dubois (Léonard) .... A.
Servière (Louis) .... A.

— Toussaint (Ch.), à Villenave-d'Ornon (Gironde) :

Pujol (Louis) .... A.

— Tranier (François), à Castelnau-Picampeau (Haute-Garonne) :

Nonnes (Pierre) .... B.

— Vimeny (Daniel), à Cadillac (Gironde) :

Lacombe (Pierre) .... B.

— Virey (Philippe), à Prissé (Saône-et-Loire) :

Dailly (Joseph) .... A.
Toutant (Jean) .... A.

Maison Vitalis, à Grandmont, par Lodève (Hérault) :

Bascou .... B.

— Wachter (Alexandre), à Léognan (Gironde) :

Arnaud (Constantin) .... A.

— Yvert de la Villeboisne (comtesse), à Saint-Germain-en-Laye :

Curez-Muthelet, à Rully .... A.
Ninot (Joseph), à Rully.......... A.

— Ringuet (E.), à Paris :

Ringuet (Paul) .... O.
Bruel (Lucien) .... A.

Secrétariat du Groupe X-B, Classe 60 :

Villamaux (Henri) .... D.H.
Morlotti (Fernand) .... O.
Dupont (Louis) .... A.
Laurent (Clovis) .... A.
Mérieult (Georges) .... A.
Villamaux (Antoine) .... A.
Faucon (Louis) .... B.

TABLE DES MATIÈRES

Pages.

Participation de la France Vinicole à l'Exposition Franco-Britannique. 7

Bureau du Groupe X B. Classe 60. — Organisation et fonctionnement du Comité 9

Fonctionnement du Jury 23
- Jury français 23
- Jury anglais 25
- Membres du Jury Hors Concours 31

Classement et récompenses par région .....
- 1re Région (Ile de France) 34
  - Récompenses 37
  - Le Vignoble de France 41
  - Les récoltes de 1907 et 1908 43
  - Les récoltes vinicoles mondiales 45
- 2e Région (Champagne-Saumur) 46
  - Importation des vins mousseux en Angleterre 53
  - Consommation — — 53
  - Récompenses 54
- 3e Région (Bourgogne et Vignobles de l'Est) 56
  - Vins de l'Yonne 61
  - — de la Côte-d'Or 62
  - — de la Côte-Chalonnaise 65
  - — du Mâconnais 65
  - — du Beaujolais 66
  - Récompenses 68
- 4e Région Bordelais (Gironde-Dordogne) 81
  - Origine du commerce bordelais 86
  - Récompenses 94
  - Exportation des vins du Bordelais en Angleterre ... 104
- 5e Région (Charentes) 106
  - Production des eaux-de-vie charentaises 106
  - Les eaux-de-vie charentaises au Congrès de Londres. 110
  - Récompenses 113

Pages.

6e Région (Nord-Ouest, Anjou, Touraine).......... 117
Récompenses.......... 118

7e Région (Armagnac, Gascogne, Centre).......... 122
Les eaux-de-vie d'Armagnac.......... 122
Récompenses.......... 123

8e Région (Languedoc, Roussillon).......... 125
Production et consommation des vins du Midi.......... 130
Récompenses.......... 135
Exposition de raisins de table.......... 138

9e Région Corse.......... 139
Récompenses.......... 139

Algérie.......... 140

Section anglaise. Vins des colonies de l'Empire britannique (Australie, Nouvelle-Zélande, Canada).......... 140
Récompenses.......... 145

Interprétation de la Convention de Madrid.......... 147
Délibération du Jury de la Classe 60 (Texte français et anglais). 148
Avis motivé de l'avocat-conseil du Comité français des Expositions à l'Étranger.......... 151

Réunions diverses des Jurys.......... 155

Jury supérieur (Comité exécutif de l'Exposition).......... 158

Relevé général des récompenses.......... 160

Conclusions.......... 161
Exportation des vins et des eaux-de-vie de France en Angleterre. 162
Consommation — — 167
Abaissement des droits de douane.......... 172
Avantages d'un traité de commerce.......... 175

Récompenses décernées aux collaborateurs.......... 181

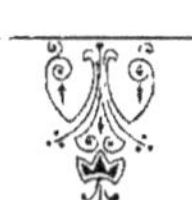

TABLE DES GRAVURES

	Pages.
Exposition Franco-Britannique (Effet de soleil)	Frontispice.
— — (Effet de nuit)	6
Plan de la Classe 60	18
Les membres du Jury	22
Vitrine de la Chambre Syndicale de la Seine. — Stand Martell. — Stand Charles Heidsieck	35
Le Vignoble de France (Carte viticole)	41
Exposition des Vins de Champagne	48
— des Vins mousseux de Saumur	52
— des Vins de Bourgogne	58
— des Vins du Bordelais	84
— des Eaux-de-vie de Cognac	108
— du Nord-Ouest, Anjou, Touraine	119
— des vins du Languedoc et du Roussillon	127
Tableau comparatif des récoltes en France et à l'Etranger	132
Exposition anglaise. — Stand W. & A. Gilbey	144

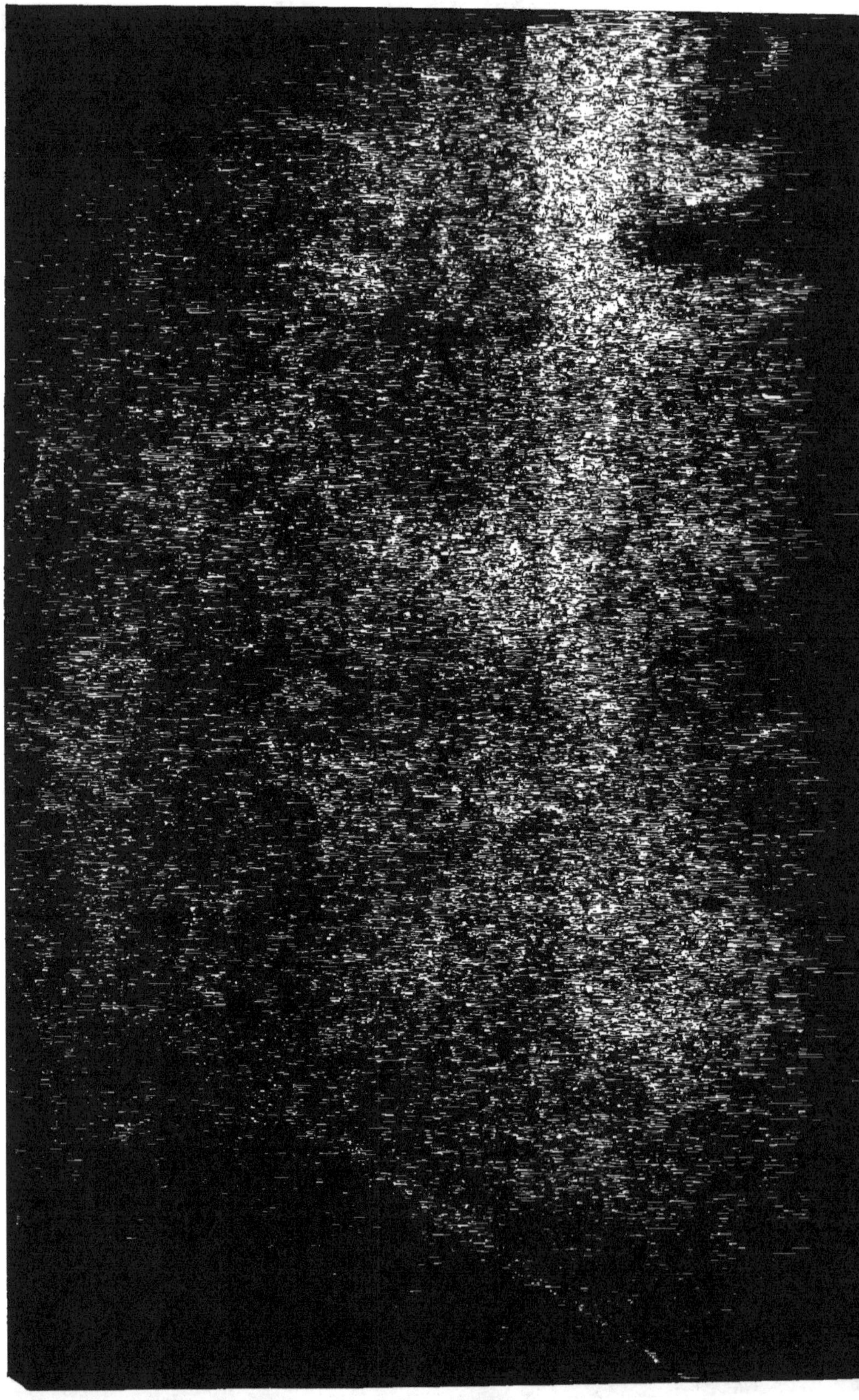

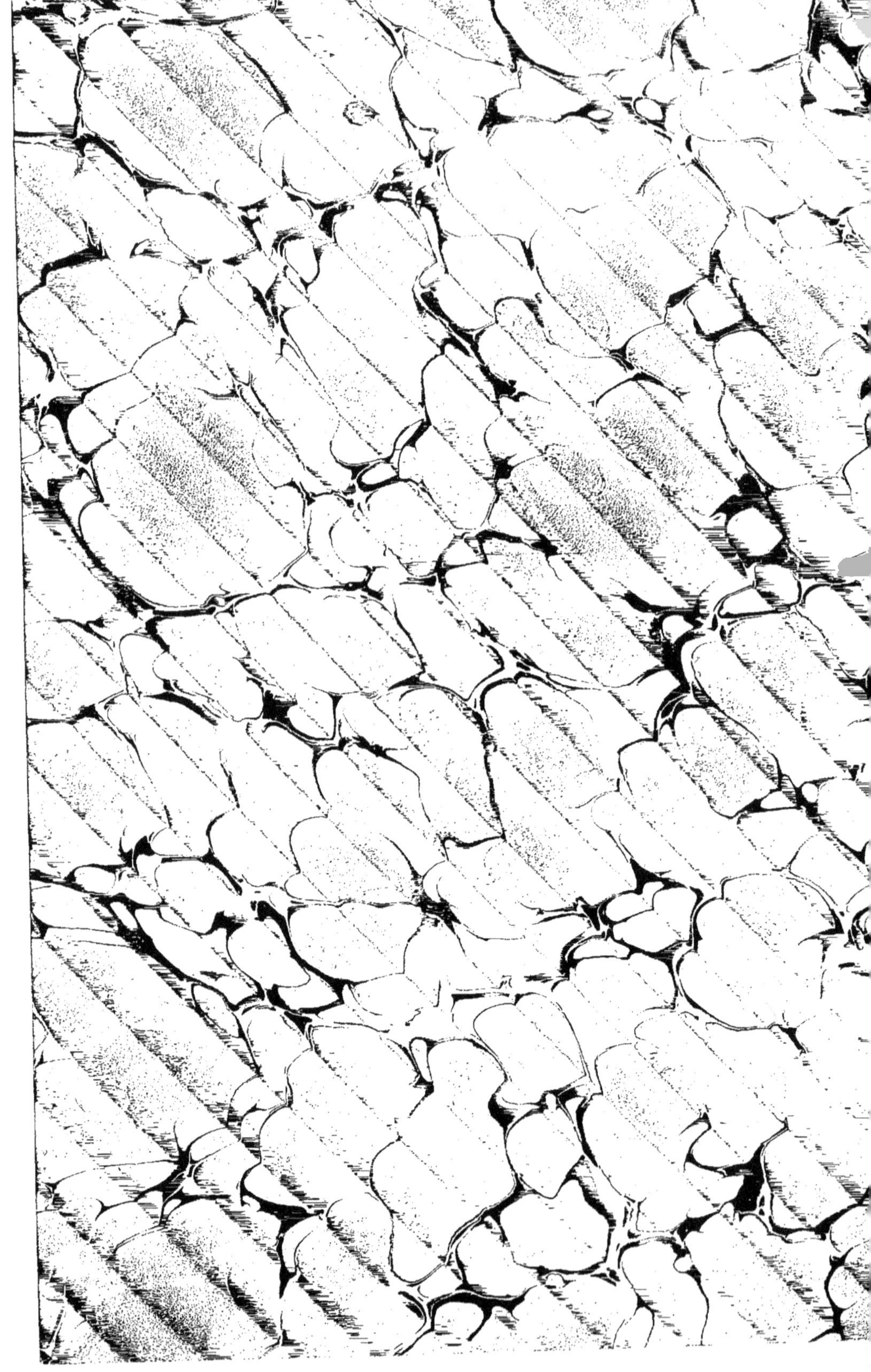

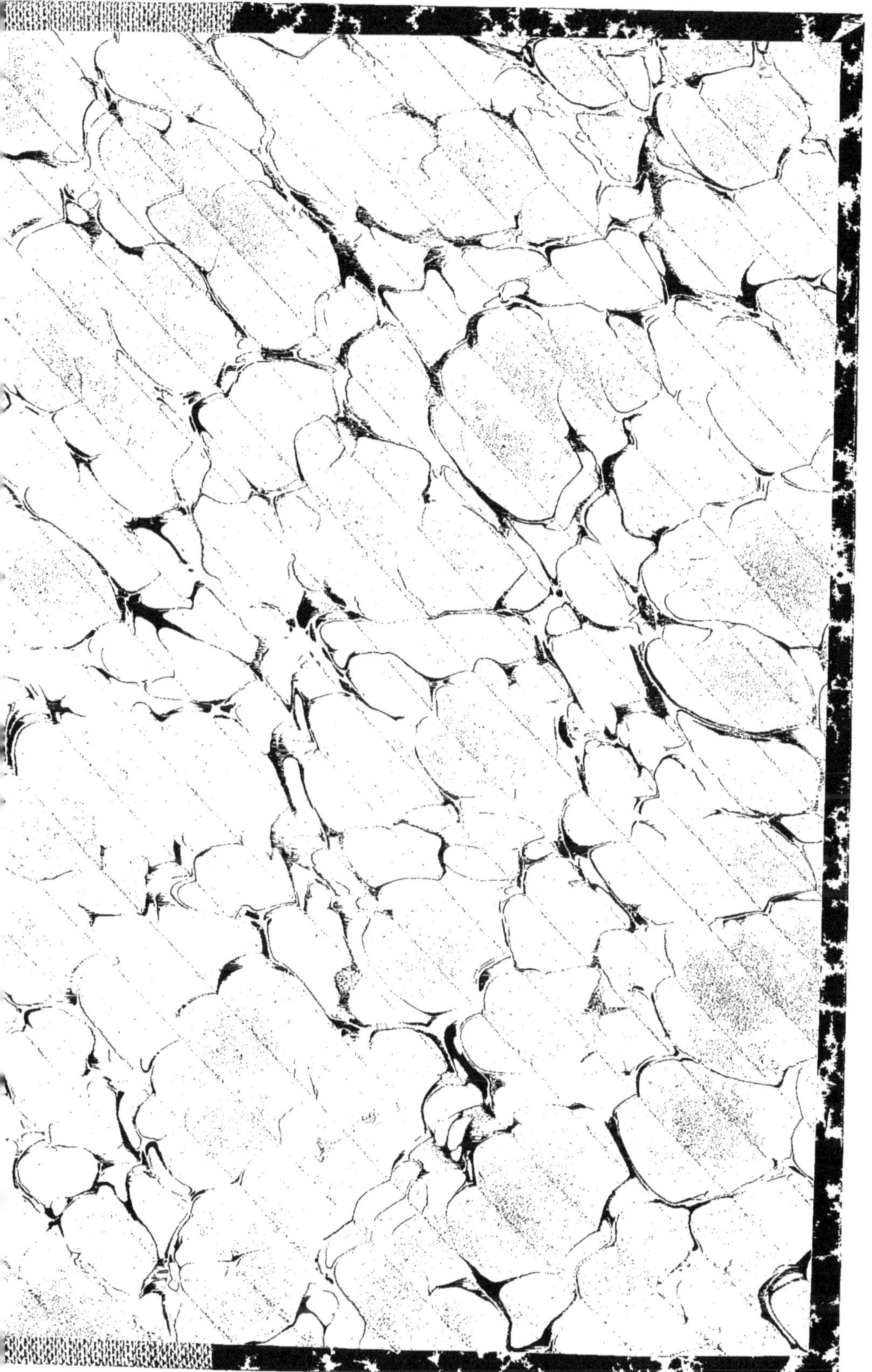

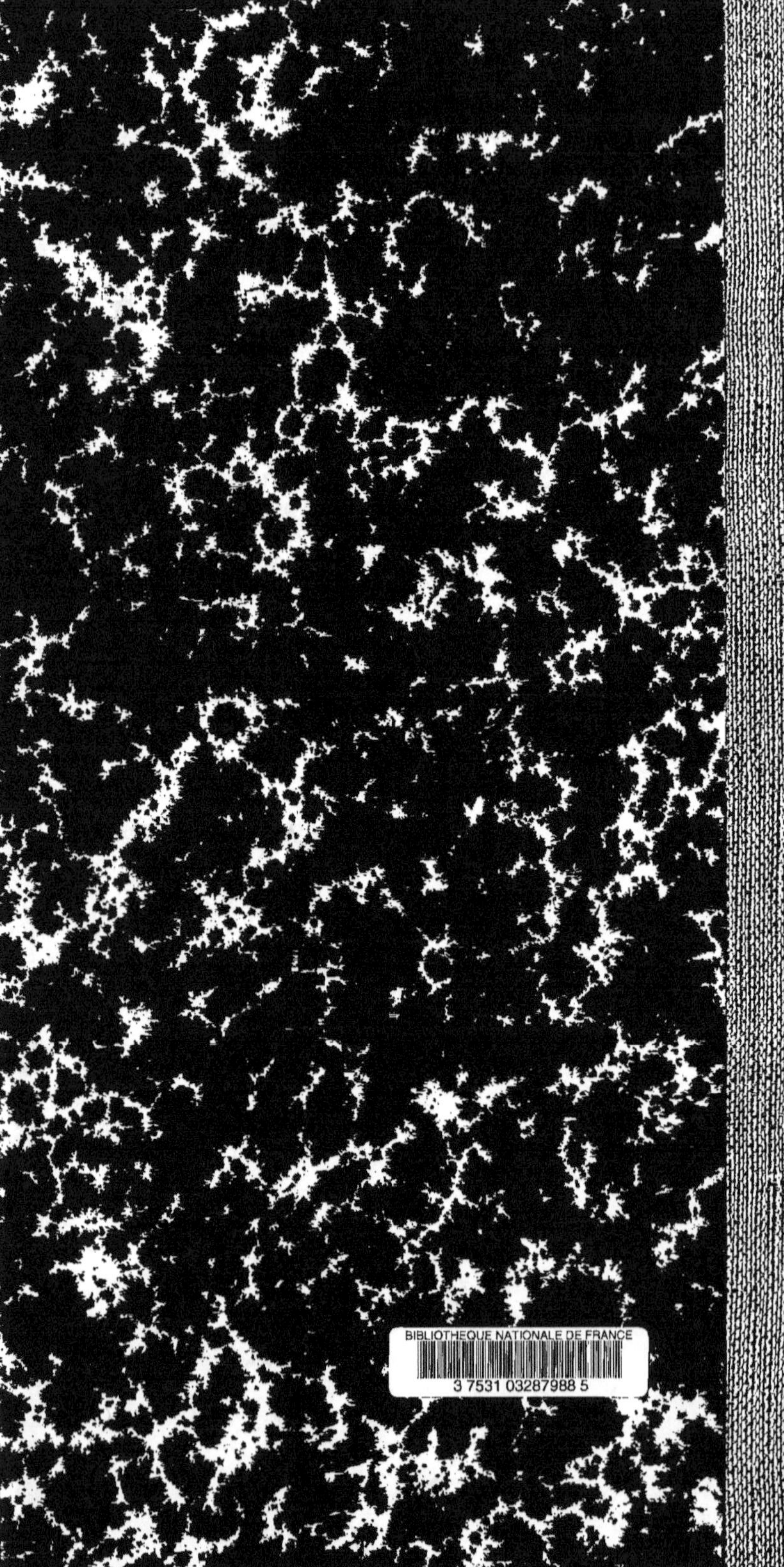

www.ingramcontent.com/pod-product-compliance
Lightning Source LLC
Chambersburg PA
CBHW070521200326
41519CB00013B/2887

* 9 7 8 2 0 1 9 6 0 5 9 7 1 *